유기축산

유기축산

초판인쇄 2011년 12월 20일
초판발행 2011년 12월 20일

지은이 전병수 · 최순호 · 기광석 · 임동현 · 허태영 · 박남건
윤세형 · 정민웅 · 김영화 · 최희철 · 곽정훈 · 전중환
펴낸이 채종준
디자인 곽유정 · 이종현 · 박능원

펴낸곳 한국학술정보(주)
주소 경기도 파주시 문발동 파주출판문화정보산업단지 513-5
전화 031-908-3181 (대표)
팩스 031-908-3189
홈페이지 http://ebook.kstudy.com
E-mail 출판사업부 publish@kstudy.com
등록 제일산-115호(2000.6.19)

ISBN 978-89-268-2957-8 93520 (Paper Book)
978-89-268-2958-5 98520 (e-Book)

어담 Books 는 한국학술정보(주)의 지식실용서 브랜드입니다.

책에 대한 더 나은 생각, 끊임없는 고민, 독자를 생각하는 마음으로 보다 좋은 책을 만들어갑니다.

유기축산

목 차

Part 01

•

유기한우

Ⅰ. 유기한우의 생산 개요

1. 유기한우

수정란이식이나 유전자 조작을 거치지 않은 한우에 각종 화학비료나 농약을 사용하지 않고 유전자 조작을 거치지 않은 사료를 근간으로 그 외 항생물질, 성장호르몬, 동물성부산물사료, 동물약품 등 인위적 합성 첨가물을 사용하지 않은 사료를 급여하며, 방목조지가 겸비된 환경에서 자연적 방법으로 분뇨처리와 환경이 제어된 조건에서 사육된 한우를 말한다. 우리나라는 한우를 방목시킬 수 있는 방목지가 구비된 농가에서 생산하기에 유리하다.

2. 관행사육과의 차이점

관행과 유기한우 생산을 위한 차이점은 (표 1)에 나타난 바와 같다. 급여하는 사료는 유기사료 급여기준으로서 유전자변형농산물(GMO)이 허용되지 않으며 항생제, 성장촉진제, 호르몬제를 사용할 수 없고 합성, 유전자조작 변형물질이 포함되지 않아야 하며 국제식품위원회나 농림수산식품부장관이 허용한 물질을 사용할 수 있다. 방목지나 운동장이 없을 경우에는 축사면적의 2배 이상을 축사 내에 갖추어야 하고 이때 채광 및 자연환기가 잘되는 조건이어야 한다. 다만, 고급육 생산을 위해 거세는 할 수 있다.

표 1. 관행축산과 유기축산의 차이점

구 분	분 야	관행축산	유기축산
시설 · 환경	축사 면적	• 밀집사육 가능	• 축종별 사육밀도 기준준수
	축사 바닥	• 틈바닥, 시멘트바닥, 깔짚 등 다량 (규정 없음)	• 시멘트구조 등의 바닥허용 안 됨
	분뇨 관리 · 처리	• 정화 · 자원화 방법 • 축사 면적에 준한 처리시설 마련 규정(가축분뇨 관리 관련 법규에 준함)	• 자원화를 근간으로 한 처리방법 (퇴비 · 액비) • 축산관련 및 가축분뇨 관리 및 이용에 관한 법률에 준함
	축사 시설	• 제한사육 가능	• 제한사육 불가능 • 자유로운 행동표출 및 운동이 가능해야 함 • 군사원칙 • 자유급이 시설 마련
	방목지 · 운동장 시설	• 규정사항 없음	• 축사 면적의 2배 이상 방목지 확보
가축 관리	전환기간	• 해당사항 없음	• 축종별 전환기간 준수
	가축 번식	• 규정사항 없음	• 축종을 사용한 자연교배 권장 (인공수정 허용) • 수정란 이식, 호르몬 유지 불허 • 유전공학기법 불허
	사료 · 영양	• 비유기 사료급여 허용 • 항생제·성장촉진제·호르몬제 허용	• 유기사료 급여기준 • 유전자변형농산물 허용 안 됨 • 항생제, 성장촉진제, 호르몬제 허용 안 됨 • 합성, 유전자조작 변형물질 불허 • 국제식품위원회나 농림수산식품부 장관이 허용한 물질 사용
	질병관리	• 구충제 · 예방백신 · 성장촉진제 · 호르몬제 사용 허용 • 정기적 약품투여 허용	• 구충제 · 예방백신 사용 허용 • 민방요법에 의한 환축치료 권장 • 정기적 약품투여 불허(환축의 경우 허용; 단, 약품 투약기간의 2배 경과 후 유기축산 물로 인정) • 성장촉진제 · 호르몬제 불허 (단, 치료목적의 호르몬 사용 허용)
	사양관리	• 밀집사육 허용 • 격리사육 허용 • Cage사육 허용	• 물리적 거세 허용 • 단미, 단이, 부리 자르기, 뿔 자르기 등 허용 • 밀집사육 허용 안 됨 • 군사원칙(단, 임신말기, 포유기간은 예외)

유기한우 생산을 위한 축사의 면적은 (표 2)에 나타난 바와 같다. 육성우(비육우)의 경우 7.1㎡, 번식우는 9.2㎡ 이상의 면적이 주어져야 하며 우사 바닥은 톱밥 등의 부재료를 사용한 깔짚우사이어야 한다.

표 2. 성장단계별 축사시설 면적 기준

축 종	성장단계별	체중 및 단위	축사시설면적(㎡/두)	축사형태기준
한 우	육성(비육)우	400kg 이하	7.1	깔짚우사
	번식우	400kg 이하	9.2	깔짚우사

※ 방목지/운동장의 경우 축사 면적의 2배 이상을 갖추어야 함.

3. 전환기간

유기한우 생산을 위한 전환기간은 식육의 경우 입식 후 출하 시까지 최소 12개월 이상이며 송아지 식육의 경우는 6개월령 미만의 송아지로 입식 후 6개월로 규정하고 있다.

4. 유기사료의 수급

유기적인 방법으로 가축을 사육하기 위하여 가장 중요한 것이 유기사료(Organic Feed) 즉, 유기조사료와 유기배합사료(농후사료[1])의 급여라고 할 수 있다. 유기사료란 모든 원료 사료의 생산, 가공, 제조에서 최종 배합사료의 제조 시까지 반유기적 성분이 포함되지 않으며 급여

1 가소화 영양소 농도가 높고 섬유질 함량이 낮으며(조섬유 18% 이하), 영양소 농도가 높은 사료의 총칭.

대상 가축의 자연적 섭식 생리에 적합하게 제조된 사료를 의미한다.

표 3. 사료에 오염되기 쉬운 반유기적 물질

분 류	오염 가능 물질
사료 및 작물	화학비료, 농약, 살충제, 잡초제거제 등
저장 및 보존	항균제, 화학적 항산화제, 흡수제, 흡착제, 훈연제, 항진균제
제조 및 가공	발색제, 향취제, 기계오일, 인공향미제, 분해제, 유기용매, 유화제
종 자	유전자변형농산물, 발아촉진물질, 항균물질
사료첨가제	항생물질, 합성성장촉진물질, 대사조절물질, 합성면역강화물질, 호르몬제, 요소

미국, 유럽, 중국 등 일부 나라에서는 유기조사료 및 배합사료를 생산할 수 있는 기반이 마련되어 있으나 국내에서는 생산기반이 취약하기 때문에 일부 조사료를 제외하고는 농후사료를 생산하기가 어렵다. 특히 배합사료인 경우에는 생산된다 하더라도 배합 전 각각의 단미사료는 유기적으로 생산된 원료를 사용해야 되기 때문에 생산비용이 높아 국외와 경쟁이 어려우며 수입에 의존할 수밖에 없는 실정이다. 국외 유기조사료(목건초)는 가격이 국내산의 2배 정도이며 유기배합사료 완제품의 가격은 2배 이상 높게 형성되어 있다. 하지만 우리나라는 유기축산 도입기에 있고 유기단미사료를 들여와 국내에서 배합하는 경우도 생겨나고 있으며 대량으로 생산할 경우 유기배합사료 가격은 지금보다 내려갈 수 있을 것이다.

5. 사료 및 영양관리

유기한우의 사양관리는 유기한우 생산조건을 기준으로 하며, 사료의 급여 방법 및 일반적인 관리는 일반한우 사양관리에 준하면 된다. 유기한우 생산을 위해서는 100% 유기사료를 급여하여야 한다. 유기축산물 생산과정 중 심각한 천재 · 지변, 극한 기후조건 등으로 인하여 유기사료를 85% 이상 급여하기 어려운 경우, 국립농산물품질관리원장 또는 인증기관의 허가아래 일정기간 동안 유기사료가 아닌 사료를 일정비율로 급여할 수 있다.

반추가축에게는 사일리지만 급여해서는 안 되고 단위가축에게는 반드시 거친 조사료를 일정량 급여하여야 한다. 유기사료 및 유기사료가 아닌 사료를 일정비율 급여할 경우에도 유전자변형농산물 또는 유전자변형농산물로부터 유래한 것이 함유되지 않아야 한다.

유기배합사료 제조용 자재는 별표 1 제1호 나목(부록 첨부)의 자재와 국제식품규격위원회에서 허용된 물질이나 국제적으로 공인된 천연물질에 한한다.

다음에 해당되는 물질을 사료에 첨가하여서는 안 된다.

- 가축의 대사기능 촉진을 위한 합성화합물
- 우유 및 유제품과 어류 및 어류부산물을 제외한 동물성 사료. 특히 반추가축의 경우에는 포유동물에서 유래한 사료(우유 및 유제품을 제외한다)는 어떠한 경우에도 첨가하여서는 안 된다.
- 합성질소 또는 비단백태질소화합물
- 항생제 · 합성항균제 · 성장촉진제 및 호르몬제
- 그 밖의 인위적인 합성 및 유전자조작에 의해 제조 · 변형된 물질

그림 1. 유기초지

그림 2. 유기건초

그림 3. 유기옥수수

그림 4. 유기옥수수사일리지

Ⅱ. 유기한우의 성장단계별 사양관리요령

1. 유기한우의 성장곡선 및 비육단계

유기한우 사양관리는 유기사료급여, 우방의 크기, 운동장 및 초지의 접근 등을 제외하고 일반적인 사양관리는 거세한우 사양과 비슷하다. 한우는 일반적으로 7개월령 이후부터 변곡점을 형성하며 12~13개월령이 되면 성장속도가 좀 더 빨라지는 2차 변곡점을 형성하면서 18개월령에 450kg 이상의 체중을 보인다. 유기한우 사양시험에서도 아래 그림과 같이 유사한 결과를 나타내고 있다. 육성기인 7개월령, 비육전기인 13개월령 이후에 변곡점을 형성하는 것을 알 수 있다. 유기한우 시험의 사료급여체계는 24개월령까지 비육 시 육성기(6개월령~12개월령), 비육전기(12개월령~18개월령), 비육후기(18개월령~출하)로 구분하였다.

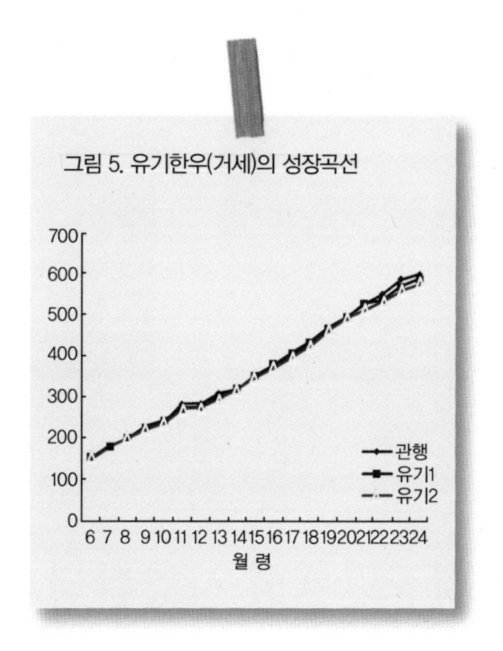

그림 5. 유기한우(거세)의 성장곡선

2. 육성기 사양관리

육성기는 젖을 뗀 후인 3~4개월령(체중 90~110kg)부터 12개월령(체중 280kg 내외)까지를 말하며 이 시기는 뼈, 내장, 제1위 등 소화기관과 체성장이 활발할 시기이므로 조단백질(CP) 함량이 높고(15~16%), 에너지함량(TDN: Total Digestible Nutrients; 가소화양분총량)이 70% 정도이면서 비타민 및 무기물이 풍부하게 함유된 육성용 유기배합사료를 체중의 약 1.5%로 제한 급여한다. 과비를 방지하기 위해 일당 증체량을 약 0.7㎏ 정도 되게 하여 튼튼한 비육밑소로 기른다. 제1위의 발육을 촉진할 수 있도록 영양이 풍부하고 기호성이 좋은 양질의 조사료를 충분히 급여하여야 하며, 특히 비육후기 성장 극대화에 필수적인 반추위의 용적 확대를 위해 1일 섭취하는 가소화양분총량(TDN)의 40% 내외를 조사료로 공급하여야 한다. 이 시기에 적절한 양의 조사료를 섭취하지 못하면 제1위를 포함한 소화기관의 발달이 부진하여 비육기에 소화기장애, 간장장애, 요석증 등과 같은 대사성질병이 발생하기 쉽고, 비육후기에 사료 섭취량이 늘어나지 않으므로 증체가 둔화되어 목표 체중까지 사육할 수 없게 된다. 따라서 육성기에는 지나치게 살이 찌는 것을 막으면서 소화기관과 골격을 발달시켜 튼튼한 비육밑소로 키우는 것이 가장 중요하며, 배합사료는 제한급여했는지, 조사료는 목표대로 먹었는지, 증체는 잘되었는지, 환경관리는 잘했는지, 소의 건강상태는 좋은지 등을 검토하여 목표에 미치지 못할 때에는 문제점과 원인을 분석, 개선하여야 한다.

✚ 육성기 일반사료와 유기사료 급여효과

한우에 사료급여 시 유기사료라고 해서 덜 주고 더 주는 것은 있을 수 없다. 유기 조사료든 유기농후사료든 일반관행조사료와 배합사료에 비해 생산되는 조건의 차이뿐이지 생산된 사료의 영양소 함량의 차이는 거의 없다고 볼 수 있다. 육성기간 동안 '방목+건초'를 급여한 한우 및 '방목+옥수수사일리지'를 급여한 한우는 일당증체량이 관행사육인 축사 내에서 사육한 한우보다 감소된 경향을 보였는데 이는 방목 스트레스에 의한 것으로 추정되었으나 12개월령의 체중은 큰 차이를 보이지 않는다. 사료 요구율에 있어서는 오히려 방목과 사일리지급여가 다른 사육형태에 비해 좋은 결과를 보여주었다.

표 4. 거세한우에 대한 유기사료 육성기 급여효과

구 분	관행(볏짚)	방목+건초	방목+옥수수사일리지
개시체중(㎏)	152.7	153.4	154.8
12개월령 체중(㎏)	281.3	269.4	273.2
일당증체량(㎏)	0.71	0.64	0.66
1일 사료섭취량(㎏)			
농후사료	3.34	3.40	3.40
조사료	2.70	2.51	6.61
조:농 비율(TDN)	30:70	24:76	28:72
사료 요구율	8.50	8.83	7.78

그림 6. 유기초지 한우 방목

3. 비육전기 사양관리

비육전기는 일반적으로 생후 13개월령(체중 280kg) 전후부터 18개월령(체중 450kg) 전후까지이다. 이 시기는 조사료 위주로 육성된 비육밑소가 본격적인 근육성장을 하면서 체지방도 함께 증가하는 기간으로 육성기 배합사료 제한급여에 따른 성장억제가 보상성장으로 이루어져 일당증체량이 가장 높은 시기이다. 그러나 이 시기 역시 증체량을 너무 추구하여 과도하게 배합사료를 급여하게 되면 피하지방이 두꺼워지는 부작용이 있으므로 조단백질(CP) 11~12%, 가소화양분총량(TDN)이

71~72%인 비육전기사료를 체중의 1.7~1.8%로 제한급여 해준다.

(표 5)는 비육전기의 유기사료 급여효과를 나타낸 것이다. 방목과 건초급여 시 체중 및 증체량이 육성기에 비해 많이 향상되었다. 농후사료 섭취량이 늘었으며 사료효율도 유기구가 전체적으로 좋은 경향을 보여주었다.

표 5. 거세한우에 대한 유기사료 비육전기 급여효과

구 분	관행(볏짚)	방목+건초	방목+옥수수사일리지
12개월령 체중(kg)	281.3	269.4	273.2
18개월령 체중(kg)	428.3	429.8	423.7
일당증체량(kg)	0.80	0.87	0.82
1일 사료섭취량(kg)			
농후사료	5.85	5.94	5.86
조사료	2.99	2.87	5.84
조:농 비율(TDN)	21:79	21:79	20:80
사료 요구율	11.06	9.20	9.54

4. 비육후기 사양관리

비육후기는 생후 19개월령(체중 450kg)부터 출하까지를 말한다. 이 시기는 비육을 마무리하는 기간으로 근육 주위의 지방이 근육 속으로 골고루 축적되어 육질이 개선되도록 고에너지(열량)사료로 가소화양분총량이 72~73%인 비육후기사료를 급여한다. 배합사료는 자유 채식시켜 최대한 섭취량을 많게 하여 체중을 최대한 늘리되 조사료는 최소한의 양(전사료의 10%)만 제한적으로 급여하여야 하며 거세와 장기비육에 의한 대사성 질병(요석증 등)이 발생하지 않도록 세심하게 관리한다.

유기사료 비육후기 급여효과는 (표 6)에 나타난 바와 같다. 농후사료 섭취량은 관행사육이 가장 많은 10.45kg이었고 일당증체량도 0.98로 가장 높다. 비육후기에 들어 유기사육은 모두 섭취량이 현저히 줄어든다. 유기배합사료에는 향미제가 전혀 들어 있지 않고 알곡 냄새만 났기 때문에 배합사료 섭취량이 관행사육인 일반 배합사료에 비해 섭취량이 줄어든다.

표 6. 거세한우에 대한 유기사료 비육후기 급여효과

구 분	관행(볏짚)	방목+건초	방목+옥수수사일리지
18개월령 체중(kg)	428.3	429.8	423.7
24개월령 체중(kg)	597.5	581.5	573.3
일당증체량(kg)	0.98	0.88	0.86
1일 사료섭취량(kg)			
농후사료	10.45	8.94	9.29
조사료	1.34	2.80	1.69*
조:농 비율(TDN)	6:94	15:85	10:90
사료 요구율	10.46	11.58	11.00

※ 유기 2구의 *는 건초(출하 6개월 전 옥수수사일리지 급여 중단)

육성기~비육후기 유기사료 급여효과에 대한 결과는 (표 7)에 나타난 바와 같다. 한우 사양시험 종료 시 체중은 관행사육 597.5kg에 비해 '방목+건초' 급여 시 581.5kg 및 '방목+옥수수사일리지'를 급여한 한우 573.3kg으로 유기한우가 각각 2.7% 및 4.1% 감소되는 결과가 있었지만 큰 차이는 없다. 일당증체량에 있어서도 '방목+건초' 및 '방목+옥수수사일리지'가 볏짚급여에 비해 각각 3.6% 및 6.0% 적다. 그러나 사료 요구율에 있어서는 유기한우가 볏짚을 급여한 관행사육에 비해 좋다.

표 7. 거세한우에 대한 유기사료 급여효과(육성기~비육후기)

구 분	관행(볏짚)	방목+건초	방목+옥수수사일리지
개시체중(kg)	152.7	153.4	154.8
24개월령 체중(kg)	597.5	581.5	573.3
일당증체량(kg)	0.83	0.80	0.78
1일 사료섭취량(kg)			
농후사료	6.04	5.67	5.74
조사료	2.30	2.36	6.28
조:농 비율(TDN)	17:83	22:78	18:82
사료 요구율	10.09	9.94	9.51

Ⅲ. 동물복지 및 질병관리

1. 질병의 예방

✚ 가축의 질병은 다음과 같은 조치를 통하여 예방하여야 한다.

- 가축의 품종과 계통의 적절한 선택
- 질병발생 및 확산방지를 위한 사육장 위생관리
- 비타민 및 무기물 급여를 통한 면역기능 증진
- 지역적으로 발생되는 질병이나 기생충에 저항력이 있는 종 · 품종의 선택

✚ 가축의 기생충감염 예방을 위하여 구충제 사용과 가축전염병이 발생하거나 퍼지는 것을 막기 위한 예방백신을 사용할 수 있다.

✚ 법정전염병의 발생이 우려되거나 긴급한 방역조치가 필요한 경우 우선적으로 필요한 질병예방 조치를 취할 수 있다.

✚ 위의 규정에 의한 예방관리에도 불구하고 질병이 발생한 경우 수의사의 처방에 의하여 질병을 치료할 수 있다. 이 경우 동물용의약품을 사용한 가축은 해당 약품 휴약기간의 2배가 지나야만 유기축산물로 인정할 수 있다.

✚ 약초 및 미량물질을 이용하여 치료를 할 수 있다.

✚ 질병이 없는데도 동물용의약품을 정기적으로 투여하거나, 생산성 촉진을 위해서 성장촉진제 및 호르몬제를 사용하여서는 안 된다. 다만, 호르몬 사용은 치료목적으로만 수의사의 관리하에서 사용할 수 있다.

2. 동물복지 관련

✚ 가축에 있어 꼬리 부분에 접착밴드 붙이기, 꼬리 자르기, 이빨 자르기, 부리 자르기 및 뿔 자르기와 같은 행위는 일반적으로 수행되어서는 안 된다. 다만, 안전을 목적으로 하거나 가축의 건강과 복지개선을 위해 필요한 경우 국립농산물품질관리원장 또는 인증기관이 인정하는 경우

에 한하여 적절한 마취를 실시하고 이를 수행할 수 있다.

✚ 생산물의 품질향상과 전통적인 생산방법의 유지를 위하여 물리적 거세를 할 수 있다.

Ⅳ. 가축입식(선발) 관련사항

1. 비육밑소 고르기

유기한우 생산을 위한 비육밑소 고르기는 일반적인 비육밑소를 고를 때와 같다. 다만 유기한우 생산을 위해서는 다음 사항이 고려되어야 한다.

- 산간지역 · 평야지역 및 해안지역 등 지역적인 조건에 적합할 것
- 가축은 품종별 특성을 유지하여야 하고, 내병성이 있을 것
- 축종별로 주요 가축전염병에 감염되지 않아야 하고, 특정 품종 및 계통에서 발견되는 스트레스증후군 및 습관성유산 등의 건강상 문제점이 없을 것

위의 규정에 의한 조건을 충족시키는 가축을 입식하되, 이를 확보할 수 없는 경우에는 다음의 경우에 한하여 국립농산물품질관리원장 또는 인증기관이 승인한 가축을 입식할 수 있다.

- 질병이나 재해에 의한 가축의 집단폐사로 축군 갱신이 필요한 경우
- 품종을 바꾸거나 농장의 규모를 확장하는 경우
- 가축개량을 위하여 종축을 입식하는 경우

가축을 입식하는 경우에는 이유 직후 가축을 입식하여야 한다. 다만, 원유생산용 가축의 경우에는 성축을 입식할 수 있다.

2. 전환기간

유기가축이 아닌 가축을 유기농장으로 입식하여 유기축산물(쇠고기)을 생산 · 판매하고자 하는 경우에는 입식 후 12개월 또는 생후부터 출하까지 수명의 3/4 이상의 전환기간을 유기축산물인증기준에 의하여 사육하여야 한다.

3. 고급육 생산을 위한 거세

생산물의 품질향상과 전통적인 생산방법의 유지를 위하여 물리적 거세를 할 수 있다. 거세를 하면 외모상 암소를 닮게 되고 성질이 온순해져 사양관리가 용이해지고 육질 면에서는 고기가 부드러워지고 풍미가 좋아진다. 일반적으로 생후 4개월령~6개월령 사이에 외과적인 방법에 의해 거세를 실시한다. 거세 시 허약한 송아지는 회복시킨 다음 거세를 실시하며 수술 전에는 동물복지를 고려하여 마취를 한다.

V. 영양생리 및 산육특성

1. 유기한우의 영양생리 특성

✚ 반추위의 변화

소는 출생 시 제4위가 발달되어 있어 단위동물과 같지만 성장하면서 반추위 모양이 갖추어지고 융모의 발달과 함께 반추위 기능이 향상된다. 따라서 반추위 기능을 조기에 발달시켜 발육을 높이기 위해서는 농후사료보다는 양질의 조사료를 충분히 급여하여 반추위 발달 및 반추위의 발효양상을 조절하여야 발육이 좋은 한우로 기를 수 있다.

(1) 융모의 수 및 길이

반추위의 무게 및 융모의 수는 (표 8)과 같다. 조사료로서 볏짚을 급여한 관행사육는 건초 및 옥수수사일리지를 급여한 유기한우에 비해 반추위 융모수의 변화는 큰 차이가 없으며 융모 길이에 있어서도 큰 차이를 보이지 않는다.

표 8. 반추위 융모수 및 길이

구 분	관행(볏짚)	건초 급여	옥수수사일리지 급여
반추위 융모수(개/㎠)	46.5	45.8	51.8
반추위 융모길이(㎜)	6.8	6.2	6.3

(2) 반추위 색의 변화

반추위의 색깔을 살펴보면 볏짚을 급여한 관행사육보다는 양질의 목건초 및 옥수수사일리지를 급여한 한우에서 반추위 색깔은 대부분 엷은 회색을 띠며 볏짚 급여구는 대부분 검은색을 띤다.

✚ 산육특성

(1) 도체특성

유기사료 급여에 의한 도체특성은 (표 9)에 나타난 바와 같다. 도체중 및 도체율은 관행사육이 약간 높다. 육량등급은 유기옥수수사일리지를 급여한 한우가 A등급이 8두, 볏짚을 급여한 한우가 7두, 유기건초를 급여한 한우가 6두이다. 육질 특성에 있어서 육색, 지방색, 조직감, 성숙도에 있어서는 관행과 유기사료 급여구간이 비슷하다. 유기옥수수사일리지를 급여한 한우의 근내지방도가 4.8로 가장 좋으며 유기건초를 급여한 한우, 볏짚급여 한우 순으로 높고 육질등급도 1등급 이상 출현율이 유기옥수수사일리지를 급여한 한우가 70%로 가장 높으며 유기건초 및 볏짚을 급여한 한우는 각각 50%이다.

표 9. 유기사료 급여에 의한 도체특성

구 분	관행(볏짚)	건초 급여	옥수수사일리지 급여
육량특성			
절식체중(㎏)	569.0	552.7	538.6
도체중(㎏)	338.8	326.0	319.0
도체율(%)	59.5	59.0	59.2
등지방두께(㎜)	7.5	8.7	7.2
배장근단면적(㎠)	79.7	73.9	77.9
육량지수	69.0	67.8	69.3

육량등급(A:B, 두)	7:3	6:4	8:2
육질특성[1]			
근내지방도	4.2	4.4	4.8
육색	5.0	5.0	5.0
지방색	3.0	3.0	3.0
연도	2.2	2.2	2.0
성숙도	2.2	2.0	2.0
육질등급 (1^{+}:1:2:3, heads)	0:0:5:4:1	1:0:4:5:0	0:3:4:3:0

※ 1): 근내지방도, 육색, 지방색은 1~7로 분류하였으며 높은 수치가 좋음. 조직감 및 성숙도는 1~3으로 분류하였으며 낮은 수치가 좋다.

(2) 육색

정상적인 등심의 CIE 값에서 L*, a*, b* 값은 각각 33.38, 20.10, 8.36이라 하였는데 유기한우 사양시험에서 유기한우의 등심 L*값은 약간 높으나 a* 값은 약간 낮으며 b* 값은 비슷하다. 따라서 육색은 전체적으로 양호하다고 판단할 수 있다. 처리 간 L*, a*, b* 값은 서로 비슷하였으며 차이는 없었다.

표 10. 등심에 대한 육색 측정

구 분	관행(볏짚)	건초 급여	옥수수사일리지 급여
CIE value			
L*	37.48	37.78	36.57
a*	19.28	19.26	18.32
b*	8.75	8.84	7.77

(3) 도체의 물리적 특성 및 관능검사

(표 11)은 등심부위의 이화학적 특성과 관능검사 성적을 나타낸 것이다. 전단력에 있어서는 유기건초와 유기옥수수사일리지를 급여한 한우

가 관행사육인 볏짚보다 육질이 연한 것을 알 수 있으나 큰 차이는 없다. 보수력, pH, 가열감량도 처리 간 차이가 없고 관능검사 및 향미에 있어서도 일반과 유기한우 간 차이는 나타나지 않는다.

표 11. 도체의 물리적 특성 및 관능검사

구 분	관행(볏짚)	건초 급여	옥수수사일리지 급여
물리적 특성			
전단력(kg/㎠)	5.27	4.83	5.18
보수력(%)	56.16	56.51	57.39
pH	5.59	5.59	5.59
가열감량(%)	20.95	21.24	18.39
지방함량(%)	9.27	11.78	11.57
관능검사[1)]			
다즙성	4.62	4.62	4.54
연도	4.58	4.83	4.71
향미	4.67	4.57	4.62

※ 1) 다즙성, 1 = 매우 건조, 6 = 매우 다즙; 연도, 1 = 매우 거침, 6 = 매우 부드러움; 향미, 1 = 매우 불쾌, 6 = 매우 좋음

(4) 지방산 조성

등심부위 지방산 조성은 (표 12)에 나타난 바와 같다. 한우의 지방산 조성에 가장 많은 부분을 차지하는 올레산(Oleic acid)은 유기옥수수사일리지를 급여한 한우에서 48.11%로 가장 높고 다음이 유기건초를 급여한 한우 순이다. 포화지방산 함량(Total Saturated Fatty acid)은 볏짚을 급여한 관행사육이 다소 높은 반면 불포화지방산 함량은(Total Unsaturated Fatty acid) 유기건초 및 유기옥수수사일리지를 급여한 관행사육 보다 높으나 큰 차이는 보이지 않는다. 따라서 등심부위의 지방산 조성은 유기사료를 급여한 한우가 관행사육보다 올레인산 함량이 높고 필수지방산인 리놀산(Linoleic acid) 및 아라키돈산(Arachidonic acid) 함량이 관행사육보다 다소 높으며 불포화지방산 함량이 높아 지방산조성에서는 관행사육보다 좋다고 볼 수 있으며 관행사육에 비해 유기사육의 육질이 부드럽고 풍미가 좋다고 볼 수 있다.

표 12. 등심부위 지방산 조성

Items	관행(볏짚)	건초 급여	옥수수사일리지 급여
팔미틱산($C_{16:0}$)	26.74±1.01	25.51±0.86	26.12±0.78
스테아린산($C_{18:0}$)	13.24±0.60	12.47±0.43	12.95±0.30
올레산($C_{18:1\omega9}$)	47.13±0.69	47.91±1.09	48.11±1.04
리놀산($C_{18:3\omega3}$)	0.28±0.05	0.40±0.08	0.32±0.03
아라키돈산($C_{20:4\omega6}$)	0.30±0.04	0.35±0.08	0.48±0.20
총포화지방산	43.25±1.78	40.75±1.21	42.21±0.88
총불포화지방산	56.75±1.78	59.25±1.21	57.79±0.88

(5) 혈액 분석

사양시험 종료직후 혈액을 채취하여 적혈구, 백혈구 및 혈소판을 분석한 결과(표 13)를 보면 백혈구의 수치는 유기옥수수사일리지를 급여한 한우에서 7.92로 가장 높으나 처리 간 차이는 보이지 않는다. 적혈구 수치는 볏짚을 급여한 한우에서 다소 높고 적혈구용적 및 적혈구혈색소 농도도 처리 간 차이가 없다.

표 13. 혈액성분 분석

구 분	관행(볏짚)	건초 급여	옥수수사일리지 급여
백혈구(k/㎕)	7.36	6.49	7.92
적혈구(M/㎕)	7.87	7.59	7.36
적혈구용적(MCV, fL)	44.00	42.38	44.23
적혈구혈색소농도 (MCHC, g/㎗)	31.60	32.28	32.52
혈소판 (k/㎕)	403.0	406.0	371.0

(6) 면역 단백질 분석

혈청 내 면역 단백질을 분석한 결과는 (표 14)와 같다. 면역 단백질인 IgA 함량은 유기사료를 급여한 한우에서 74.0 및 72.0으로 볏짚을 급여한 한우 64.6에 비해 다소 높고 IgG2 역시 유기사료 급여에서 높다.

표 14. 혈청에 대한 면역 단백질 분석

Items	관행(볏짚)	건초 급여	옥수수사일리지 급여
IgA(㎎/㎗)	64.6	74.0	72.0
IgG2(㎎/㎗)	167.0	349.0	318.3

이후 유기사료 가격은 유기단미사료의 수입 다변화 및 국내 유기배합사료공장의 설립 등으로 하락요인이 있을 수는 있지만 일반배합사료의 2배 이상인 것은 당분간 지속될 것으로 전망된다. 따라서 농가에서 유기한우를 생산하는 데 있어서 어떻게 하면 사료비를 절감시킬 수 있는가가 관건이라고 볼 수 있다. 향후 총체벼, 총체보리, 이탈리안 라이그라스 등 다양한 국내 조사료의 공급과 사양관리 시스템의 보급도 중요하다고 생각된다.

Part 02

•

유기낙농

Ⅰ. 머리말

1. 유기낙농의 개요

유기낙농의 개념은 "축산물의 생산과정에서 수정란이식이나 유전자 조작을 거치지 않은 가축에 각종 화학비료, 농약을 사용하지 않고 또한 유전자 조작을 거치지 않은 사료를 근간으로 그 외 항생물질, 성장호르몬, 동물성부산물사료, 동물약품 등 인위적인 합성 첨가물을 사용하지 않은 사료를 급여하고, 집약공장형 사육이 아니라 운동이나 휴식공간과 방목초지가 겸비된 환경에서 자연적 방법으로 분뇨처리와 환경이 제어된 조건에서 사육, 가공, 유통, 평가, 표시된 가축의 사육체계와 그 축산물"을 의미한다.

2001년 유기축산식품에 관한 CODEX(국제식품규격위원회) 규범이 제정된 이후, 세계 각국에서는 소규모 양축농가를 중심으로 유기축산으로 전환하려는 움직임이 증가하는 추세이고 유기축산물에 대한 생산과 수요도 증가하고 있다. 우리나라의 경우, 유기낙농의 시행 규모가 매우 미미하였으나 최근에 유기낙농에 대한 관심과 더불어 유기낙농을 시작하려는 농가가 늘고 있다. 따라서 본 유기낙농 매뉴얼은 유기낙농을 도입하려는 낙농가들이 참고하여 유기낙농기술을 적용할 수 있도록 이에 대한 전반적인 기술을 소개하고자 한다.

2. 유기낙농의 필요성

✚ 기술적 측면

증산 위주의 관행농업에서 발생할 수 있는 수질과 토양오염을 줄이고 국민에게 안전한 먹거리를 제공하려면 유기농업의 확산과 정착이 필요하며, 이를 위해서는 표준화된 유기농업 기술이 필요하다. 지금까지 추진한 친환경유기농업은 농업환경오염원의 경감보다는 소득증대에 더 많은 관심을 기울인 결과, 농업환경오염원의 경감과 같은 친환경유기농업의 핵심기술 개발과 연구는 거의 이루어지지 않고 있다.

또한 한국토착유기농업은 지역여건과 작물, 경영규모 등을 종합적으로 고려하여 적용되어야 하지만 몇몇 선진 유기낙농가들의 경험에서 비롯된 모자이크식 기술이 도입되어왔기 때문에 많은 시행착오가 있었고, 이에 따라 전체적으로 효율적이고 한국 지역적 특성에 맞는 기술이 요구되고 있다.

✚ 경제 · 산업적 측면

FAO, WHO, CODEX 등에서 통일된 국제유기농업규격이 제정됨에 따라 이에 적극적으로 대처하고 국제적인 유기농업 기술을 도입하고 발전시켜 나가야 한다. 그리고 '97년 7월 1일 이후 WTO에 의한 수입농산물 개방으로 수입농산물과의 경쟁에서 우리농산물의 차별화 및 생존을 위해 효율적이고 표준화된 유기농업 기술이 필요하다.

✚ 사회 · 문화적 측면

도시화 · 산업화로 파괴된 자연생태계에 대한 반성과 대안농업이 필요성이 대두되었고 '70년대 초, 이러한 대안농업의 형태로서 세계유기농업운동(IFOAM: International Federation of Organic Agriculture Movements)이 시작되어 이후 세계적인 추세로 유기농업의 정착과 지속적인 성장이 이어졌다.

우리나라의 유기농업도 '90년대 중반 이후에 급격하게 발전하고 있으나 곡물(쌀)과 채소부문의 발전에도 불구하고 축산과 과수부문은 매우 취약하여 형태별로 적절한 유기농업표준기술이 개발되어야 한다. '96년 「21세기를 향한 농림수산환경정책」을 수립하면서 다양한 친환경농업정책을 추진해왔으며, 2001년 "친환경농업육성 5개년('01~'05)계획"을 수립하면서 지역단위의 경종 · 축산 · 임업을 연계한 자연순환농업의 육성정책이 본격적으로 추진되었다. 그러나 정부 차원의 다양화된 친환경농업 정책의 추진에도 불구하고, 유기낙농을 위한 체계적인 정책추진과 지원이 미흡하며, 이에 대한 기술적 뒷받침도 필요한 실정이다.

Ⅱ. 유기낙농으로의 전환 준비

유기낙농은 관행적인 사육방법과 여러 측면에서 차이가 있으므로 유기낙농으로의 전환 시 우선 유기축산의 기본 개념을 이해하고 세부내용을 검토한 다음 농장의 여건을 고려하여 전환여부를 결정하여야 한다.

유기낙농으로의 전환이란 기존의 집약적 가축사육 방식에서 벗어나 가축복지가 최대한 보장되는 조건에서 사육하고 유기축산에서 생산된 유기퇴비를 이용하여 재배된 유기사료를 급여함은 물론, 사료에 인위적인 합성첨가제나 항생제 및 성장촉진제의 함유도 허용되지 않고 축산으로 인한 환경오염을 최소화하며, 궁극적으로 안전한 축산물 생산과 환경보존의 모든 측면을 만족시킬 수 있는 농장으로의 전환을 의미한다.

유기낙농으로 전환하거나 유기축산물 생산을 유지하기 위해서는 유기축산물 품질관리의 일반 규칙에 준하여야 하며, 유기축산물 생산을 위한 유기농장으로 인정받기 위해서는 토양 및 사료포가 최소한 2년간 유기적으로 관리되어야 한다. 또한 토양의 비옥도 증진, 친환경적 분뇨관리, 적절한 경작, 가축의 사육밀도의 조절, 기준에 준한 가축복지 제공 및 사양관리 등 모든 방면에 걸쳐 복합적인 관리가 이루어져야 한다.

전환 과정에 있는 농장은 적어도 연 1회 이상 인증기관의 검사를 받고, 전환계획 수립 후에는 인증기관에 의뢰하여 유기전환 계획에 문제점이 있는지 검토를 받은 후에 전환하는 것이 바람직하다. 그리고 자료의 기록 및 보관을 철저히 하여 유기낙농 인증 시 농장의 모든 관리가 유기축산 기준에 의거하여 진행되었음을 증명하여야 한다. 유기낙농의 분야별 내용 및 시설과 환경규정을 (표 1)에 나타내었다.

표 1. 유기낙농 분야별 규정

구 분	분 야	내 용
시설 · 환경	축사 면적	• 육성우(450kg 이하) – 10.9㎡/두 • 건유젖소: 프리스톨 우사 13.2㎡/두, 깔짚우사 17.3㎡/두 • 착유우: 프리스톨 우사 9.5㎡/두, 깔짚우사 17.3㎡/두
	축사 바닥	• 시멘트 구조 등의 바닥은 허용이 안 됨
	분뇨의 관리 · 처리	• 자원화를 근간으로 한 처리 방법 • 축산관련 분뇨처리법에 준함(동일) • 분뇨 분리 처리 • 제한사육 불가능
	축사 시설	• 자유로운 행동 표출 및 운동이 가능해야 함 • 군사원칙 • 자유급이 시설의 마련
	방목지 · 운동장	• 축사 면적의 3배

젖소 관리	전환기간	• 착유우: 90일 • 경산우 · 미경산우: 6개월
	가축번식	• 종축을 사용한 자연교배를 권장 • 인공수정 허용 • 수정란 이식, 호르몬 유지 및 유전공학기법은 허용 안 됨
	사료 · 영양	• 유기사료급여 기준(2010년까지 유기사료 85% 이상, 이후 100% 급여) • GMO, 성장촉진제, 항생제, 호르몬제는 허용 안 됨 • 합성, 유전자 조작 변형 물질은 허용 안 됨 • 국제식품위원회나 농림수산식품부장관이 허용한 물질을 사용
	질병관리	• 구충제 · 예방백신은 사용이 가능 • 민간요법을 이용한 환축 치료 권장 • 정기적 약품투여 허용 안 됨(환축의 경우만 투여를 허용하며 투약기간의 2배가 지나야 유기 축산물로 인정) • 성장촉진제 · 호르몬제는 허용 안 됨(단, 치료목적의 호르몬사용 허용)
	사양관리	• 물리적 거세, 단미, 뿔 자르기 등은 허용 • 밀집사육은 허용 안 됨 • 군사원칙(단, 임신 말기나 포유기간은 예외)

Ⅲ. 유기낙농의 사양관리

1. 유기낙농 후보우의 선발

유기낙농의 경우 질병에 대한 항생물질 치료가 불가능하므로 유생산량보다는 건강측면에서 개체를 선발하여야 한다. 또한 조사료 의존도가 높아지므로 조사료의 섭취량이 많고 조사료 이용능력이 우수한 개체를 선발하여야 한다.

2. 유기낙농의 육종

유기축산의 환경을 고려할 때 현행 선발 체계에서 검정 · 선발된 종모우가 유기축산에 적정한 종축인지 가치를 평가해야 한다. 그리고 가축의 건강과 수태율 등을 포함하는 광범위한 품종의 선발체계 및 가축의 복지를 선발 대상형질에 포함하여 지표를 설정할 필요가 있다. 또한 젖소품종으로 홀스타인을 선발할 것인가 다른 품종을 선발할 것인가 등을 살펴보아야 할 것이다.

그리고 유기축산에서 교잡종의 가능성이 있는지를 확인하여 유기낙농의 경우 품종 간 교배에 의한 교잡종의 효율성을 조사해 보아야 하며, 유전적 개량의 도구로 유전적 표지인자의 활용 가능성에 대한 검토가 필요하다.

3. 유기낙농을 위한 번식관리

유기낙농과 관행낙농에 의해 사육된 젖소의 번식효율을 비교한 연구는 극히 제한적이다. 몇몇 연구에서 유기낙농의 번식효율이 좋다고 주장되어 왔지만 여기서 도출된 유기낙농의 번식성적은 어떤 지역 혹은 나라의 평균 번식성적과 비교한 것이다. 또한 유기낙농으로 관리된 젖소가 관행 젖소에 비해 수태율이 더 높고, 수태당 수정횟수가 더 적었다고 보고되고 있다. 그리고 노르웨이의 유기낙농과 관행낙농 관리에 의해 사육된 젖소의 번식효율을 직접 비교한 연구결과를 (표 2)에서 보는 것과 같이 다양한 번식지표 즉 분만간격, 공태일수, 분만 후 첫 수정일, 분만 후 최종 수정일, 수태당 수정횟수 등에서 일정한 형태의 차이를 보이지 않았으나 수익성을 결정하는 다산비율에 있어서는 유기낙농 관리가 더욱 효율적이다.

4. 사료 및 영양

✚ 유기낙농의 사료상 특징

유기낙농은 조사료, 목초지 방목에 의하여 조사료의 섭취가 증가하므로 농후사료의 섭취비율이 적어진다. 또한 조사료의 생산성에 따라 유생산량의 차이가 나타나므로, 우수한 조사료 및 목초지의 확보가 매우 중요하다. 따라서 유기 수도작 후 볏짚의 생산이 원활한 곳과 연계할 필요가 있고 특히 우리나라의 경우 목초지 및 사료포의 농약, 수계에 의한 오염을 차단하면서 사료포나 목초지를 충분히 확보하기 위해서는 지가가 저렴한 격리지역을 선택하는 것이 바람직하다.

한편 조사료의 대용으로 유기곡물이나 농산물과 관련된 부산물 사료를 유기사료로 활용할 수 있다. 그러나 국내 부산물에 대한 유기사료 인증 원칙이 필요하다.

또한 최근 목초지 방목에 관한 최소 요구조건이 규정될 가능성이 있으므로 젖소의 생산주기에 맞추어 목초지의 목초 생육주기를 바꾸어 주는 것이 바람직하다.

✚ 유기낙농의 영양적 특징

우수한 목초지가 확보된 경우, 일당 유생산량 20~25kg 수준의 젖소에 필요한 에너지 공급이 가능하다. 그러나 유생산량이 25kg 이상인 경우에는 부족한 영양소 공급을 위해 농후사료를 급여하되 이로 인해 조사료의 섭취량이 감소하지 않도록 주의해야 한다.

한편 고능력우(사료효율, 유량 등 생산성이 우수한 소)를 유기가축으로 전환 시 생산성 저하가 심하므로 양질의 유기농후사료 확보에 유의해야 한다. 또한 목초나 기타 조사료 섭취가 우선이므로 초종배합, 목초생육상태와 젖소사육단계의 연동제어 등 조사료를 통하여 가능한 많은 영양소가 충족되도록 관리하여야 한다.

표 2. 노르웨이의 유기와 관행낙농의 젖소 번식효율 비교

구 분	'94		'95		'96	
	유 기	관 행	유 기	관 행	유 기	관 행
분만간격(일)	378.4	377.8	376.4	375.1	369.0*	374.1*
공태일수	115.3*	130.5*	111.2*	126.5*	112.8*	130.5*
분만 후 첫 수정일	77.7	80.0	82.2*	76.3*	78.7	80.9
분만 후 최종 수정일	95.6	99.7	100.3	96.9	98.7	98.4
수태당 수정횟수	1.6	1.7	1.6	1.7	1.6	1.6
305일 유량	4,854*	6,212*	4,791*	6,014*	4,554*	6,040*
농후사료에서 얻어진 일일 에너지 섭취량 (FEM**)	2.6*	5.3*	2.4*	5.1*	2.4*	5.3*
우유 100kg 생산당 농후사료에서 얻어진 에너지 섭취량(FEM)	16.2*	26.1*	14.9*	26*	18.1*	27.1*
다산 비율(%)	70*	60*	71*	58*	68*	62*
2산 비율(%)	22*	27*	24*	26*	23*	30*
하절기 수정율(%)	58*	38*	59*	42*	52*	36*
자연교미 비율(%)	25	3	27	5	19	4

※ *: 동일연도의 유기와 관행낙농 간 5%의 유의성; **: FEM = feed unit(6,900 KJ)

5. 사양관리

✚ 갓 태어난 송아지의 관리

유기낙농 농가에서 특히 강조되어야 할 것은 강건한 신생송아지의 육성이다. 갓 태어난 송아지에 있어서 5일령까지의 주요한 생리적 변화는 모체 속 환경에서 외부환경으로의 변화에 대한 적응과 영양소 섭취경로의 현격한 변화에 대한 적응으로 나타난다. 이러한 적응을 위해 송아지는 초유로부터 면역글로블린을 공급받아 질병에 대한 저항성을 높이고 어미와의 접촉을 통해 반추미생물을 접종받게 되는데, 이것은 송아지의 질병저항성과 소화기관의 발달 및 소화능력을 확보하는 기회로 아주 중요하다.

반추가축의 소화기관과 소화생리는 다른 가축과 커다란 차이가 있으므로 이에 대한 올바른 이해를 바탕으로 한 사양관리가 중요하다. 출생 시 송아지의 위는 4개 부위로 구분되어 있지만, 사료 소화는 인간의 위와 비슷하게 진위(제4위)에서 주로 이루어진다. 송아지가 자라면서 다양한 사료를 섭취함에 따라 각 위의 비율이 변화되며, 초반 2개월 이내의 마른(건조) 사료의 공급시기와 우유와 마른(건조) 사료 급여량에 따라 반추위 발달이 영향을 받는다. 즉 출생 시에 비하여 진위(제4위)의 상대적 비율이 작아지는 반면에 반추위(제1위)의 비율은 크게 증가한다. 이 시기 송아지의 육성목표는 적절한 사료의 혼합 급여로 반추위가 잘 발달하도록 하는 것이다.

또한 송아지는 출생 직후에 양수 등 이물의 기관지 유입에 대한 예방 및 처치, 탯줄을 통한 세균감염의 예방, 체온조절을 위한 조치 등을 철저히 실시한다.

(1) 초유와 면역

송아지는 초유를 통해 항체를 흡수하여 감염성 질병에 대해 면역성을 얻는다. 즉 젖소의 경우 항체가 태반을 통해 전달되지 않기 때문에 송아지는 면역물질이 없이 태어나는 것이다. 따라서 송아지는 외부로부터 항체를 공급받아야 한다. 만약 출생 후 1~2시간 안에 항체가 급여되지 않으면 송아지의 항체 수준이 낮아 병에 걸리거나 폐사할 수도 있다. 송아지가 초유를 즉각 급여받아야 하는 다른 중요한 이유는 출생 후 몇 시간 동안만 소화관으로부터 혈류를 통해 항체를 소화작용 없이 직접 흡수할 수 있기 때문이다.

초유 중 면역글로블린(IgG)이 혈류로 흡수되는 양은 송아지의 흡수능력과 섭취량에 의해 영향을 받는다. 따라서 초유관리의 핵심은 ① 적절한 농도의 Ig를 포함한 초유의 급여이며, ② 출생 후 30분 내 양질의 초유를 급여하고, ③ 출생 후 14시간 이내에 최대 1kg씩 3회 이상 급여해야 된다(표 3).

표 3. 분만 후 경과시간별 면역물질 흡수율

구 분	분만 후 경과시간				
	2	6	10	14	20
면역물질 흡수율(%)	24	22	19	17	2

초유 중 면역물질은 분만 후 더 이상 생성되지 않는다는 사실은 (표 4)와 같이 분만우의 착유차수에 따라 우유 중 영양물질이 급속히 감소하는 것을 보면 알 수 있다.

표 4. 분만우의 우유조성분의 변화 (단위: %)

항 목	착유차수(1일 2회 착유의 경우)					
	1	2	3	4	5	11
	초유···	···	···	전환기 우유		···전유
총고형분	23.9	17.9	14.1	13.9	13.6	12.9
단백질	14.0	8.4	5.1	4.2	4.1	4.0
카제인	4.8	4.3	3.8	3.2	2.9	2.5
면역글로불린	6.0	4.2	2.4	0.2	0.1	0.09
지 방	6.7	5.4	3.9	4.4	4.3	4.0
유 당	2.7	3.9	4.4	4.6	4.7	4.9
광물질	1.1	0.95	0.87	0.82	0.81	0.74
비 중	1.056	1.040	1.035	1.033	1.033	1.032

(표 5)는 송아지의 혈액 내 면역물질 중 초유로부터 공급되는 양을 일령 경과별로 나타낸 것이다. 이를 통해 8일령 이전의 어린 송아지에게 초유의 급여가 얼마나 중요한지 알 수 있다.

초유관리에 대한 이상의 내용을 요약하면, 분만한 어미소는 ① 분만 즉시 위생적이고 편안한 곳에서 유방을 부드럽게 마사지하면서 1차 초유를 4~6㎏ 정도(쇼크를 받지 않을 정도)를 짜서 냉장하여 보관하면서 송아지에게 먹이기 시작한다. ② 2차 초유착유는 1차 초유착유 후 4~6시간 정도에 4~8㎏ 정도 ③ 3~4차 초유착유는 앞선 착유 후 4~8시간 정도에서 각각 4~8㎏ 정도 착유하여 송아지를 위하여 준비한다.

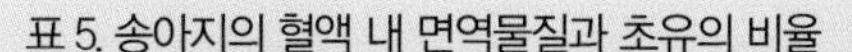
표 5. 송아지의 혈액 내 면역물질과 초유의 비율 (단위: %)

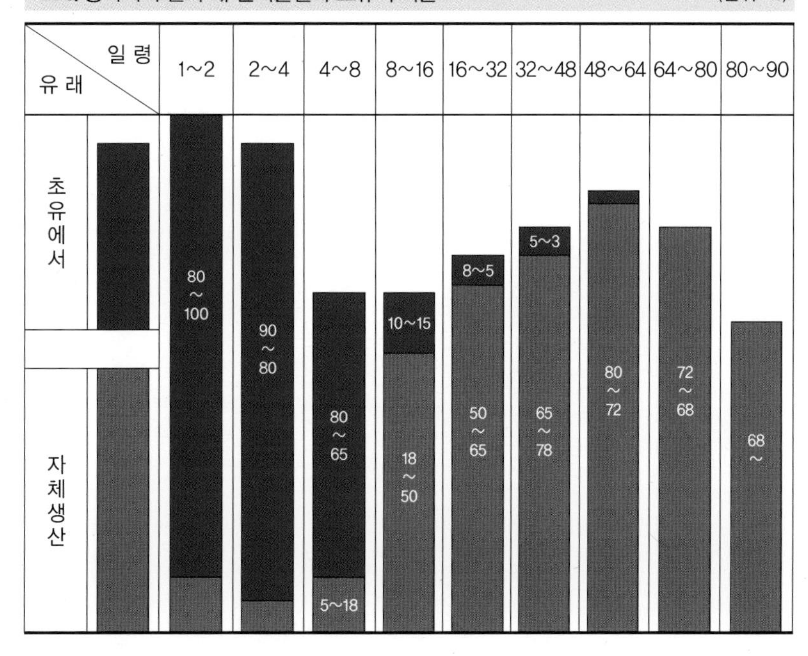

(2) 초유급여기 이후의 포유

- 초유 이후의 액상 사료 대체물

3일령이 지나면 낙농가는 다양한 액상 사료를 선택하여 이용할 수 있다. 이들 중에는 전유 또는 신선 · 발효 초유, 대용유가 있다. 일반적으로 송아지의 포유량은 생시체중의 10%가 권장된다. 그러나 전유의 품질이나 양이 급격하게 변하면 소화장애나 설사 등의 문제가 발생할 수 있고, 마른(건조) 사료와 곡물 섭취가 줄어 이유시기를 연장하게 되는 결과를 초래할 뿐 아니라 비용적 측면에서도 비경제적이다.

• 대용유

송아지는 6~8주간 또는 이유 시까지 대용유를 급여한다. 유기농 농가에서는 유기 대용유를 사용하는 데 드는 비용을 고려하여 차라리 전포유기간을 목장자체에서 생산한 전유를 이용하는 것이 좋을 것이다. 이때 전유에 일반적으로 첨가하는 항생제나 호르몬제 등은 사용할 수 없으므로 비타민제나 버퍼제 또는 미아리산 등의 생균제 혹은 그 생성물들만 사용한다.

• 마른(건조) 사료

송아지는 출생 후 첫 주에는 거의 곡물을 섭취하지 못하나 2주령에는 액상 사료뿐만 아니라 어느 정도의 곡물을 섭취할 수 있다. 건조 곡물 사료는 반추위 미생물의 다양성과 양적 증가를 가져오게 하는데, 이들 미생물들은 반추위 내에서 빠르게 증식하고, 발효 산물인 휘발성 지방산을 생산하여 송아지에게 영양소를 공급하고 반추위 발달을 자극한다. 성장 중인 어린 동물은 충분한 양의 단백질과 에너지를 섭취하여야 빠르게 성장하며, 체중이 증가하고, 골격이 발달할 수 있다. 이를 위해 이유하기 전에 최소 2~3일 동안 560~750g 정도의 송아지 스타터사료를 섭취하게 하면, 이유 후에도 적절한 에너지 섭취를 계속할 수 있다. 일반적으로 조단백질 18~20%를 함유한 스타터사료가 권장된다. 스타터사료를 잘 섭취시키려면 풍미가 좋아야 하는데, 좋은 스타터에 포함될 원료들로는 조직감이 좋은 곡물, 작은 곡물 그리고 단백질, 광물질, 비타민이 풍부한 펠릿 등이다. 그리고 전체 배합 내 혹은 펠릿 내에 약간의 당밀을 포함한다. 당밀은 스타터의 풍미를 증가시키고, 사료분리와 낭비를 줄인다. 여기에 감미제와 감초 같은 풍미제를 넣으면 섭취량이 증가될 수 있다.

너무 미세한 사료는 축축해져서 섭취량이 적어지면, 덩어리를 형성하여 반추위 발달을 지연시키고 성장률을 낮춘다. 송아지 스타터사료가 건조하거나 먼지가 나고, 곰팡이가 발생하거나 냄새가 나면 풍미가 좋지 않다. 고수분의 곡물은 양동이나 여물통에서 빨리 가열되어 곰팡이가 생길 수 있다. 따라서 양동이에 곰팡이가 자라는 것을 막기 위해 매일 한두 차례씩 양동이를 비우고 다시 채워줘야 한다.

조사료는 반추위 근육층의 성장을 촉진시키고 반추위 상피세포를 건강하게 유지해 준다. 건초는 곡물을 1.5~2.2kg 정도 섭취할 수 있게 되는 6~7주령에 급여하여도 된다. 이유 전에 건초를 제공하지 않는 이유는 이 시기에 건초를 먹게 되면 영양소가 많고 소화가 잘되는 농후사료(스타터사료)의 섭취량이 줄게 되어 어린 송아지의 에너지 요구량을 충족시키지 못하기 때문이다.

(3) 성공적인 이유(離乳) 방법

어린 송아지가 자라서 건강한 착유우로 성장하기 위해서는 이유의 성공여부가 중요하다. 이유 후 고형사료의 순치기간 동안에 송아지가 받는 스트레스는 각종 질병에 대한 저항력을 약화시키고, 이유 전의 건강과 체중을 잃게 하며 적응을 못한 송아지는 폐사되기도 한다. 따라서 이유하는 경우에는 반드시 이유 2~3주 전부터 포유량을 조금씩 줄여주고, 맛있는 농후사료와 부드럽고 질 좋은 건초를 자유롭게 먹을 수 있도록 하여 이유 전 단계에서부터 반추위를 잘 발달시켜 충분한 고형사료의 섭취능력을 갖도록 해주는 것이 중요하다.

- 설사와 폐렴 예방

송아지에게 영향을 미칠 수 있는 사양관리, 환경과 생리적인 요소 중

중점적으로 관리해야 할 부분은 설사와 폐렴이다. 유기낙농에서는 항생제의 사용을 엄격히 제한하고 있으므로 철저한 예방과 신속한 환축의 격리 및 치료회복에 총력을 기울여야 한다.

• 이유기 영양관리

이유기는 아마도 송아지 단계에서 스트레스를 많이 받는 기간 중 하나일 것이다. 송아지는 자유롭게 행동할 수 있고 개별적인 관심을 받는 환경에서 자라다가 이유기 이후에는 그룹 환경에서 스스로를 돌봐야 하는 환경으로 변화한다. 사육시설, 건강관리, 사료급여 등에 관하여 송아지를 어떻게 관리하느냐가 장기적인 생산성에 영향을 미칠 수 있다.

이유는 보통 4~6주령에 실시하는 것이 경제적이고 이상적이다. 이유 이전에 송아지는 액상 사료와 풍미 좋은 곡물 사료를 혼합하여 급여 받으면서 4주령까지 반추위를 발달시킨다. 송아지를 조기에 이유시키기 위해서는, 풍미가 좋은 송아지 스타터(Calf Starter)사료와 충분한 양의 물이 필요하다. 그리고 이유에 의하여 우유 급여가 중단되면, 곡물 섭취량과 음수량은 급격히 증가한다.

이유된 젖소 송아지는 1.5~2.3kg의 곡물배합사료를 매일 섭취해야 한다. 이유 이전과 직후의 송아지는 곡물을 더 많이 섭취하고, 조사료는 덜 섭취하지만 양질의 건초와 사일리지를 공급해주어야 한다. 건초는 잔가지를 떼어내고 곰팡이가 없어야 한다. 권장되는 조사료로는 2~3번째로 수확된 양질의 콩과 식물 목건초가 있다. 품질이 낮고 줄기가 많으며 곰팡이가 있는 건초는 사료 섭취량을 감소시키고 성장을 억제한다. 이유된 송아지는 옥수수사일리지와 헤일리지와 같은 발효된 사료로 시작할 수도 있지만 사일리지가 8~12시간 동안 사료통에 있으면 가열되어 곰팡이가 생기기 때문에 송아지에게는 좋지 않다. 이로 인해 건물

섭취가 줄어 성장에 영향을 미칠 수 있기 때문이다. 또한 TMR(TMR: Total Mixed Ration 또는 Complete Mixed Ration; 섬유질배합사료)은 2개월령 이후에 급여할 수 있다.

• 이유전환기 관리

이유하는 동안 스트레스를 줄이는 것이 송아지를 성공적으로 기르는 핵심 요소이다. 이를 위해 우사 환경에 좀 더 부드럽게 적응하도록 하고 이유 전후로 몇 주간 건강관리에 유의한다. 이유하는 동안 일어나는 주요한 변화는 개별 사육 환경에서 그룹 사육 환경으로의 변화인데, 이를 쉽게 하기 위한 방법은 3~5마리의 송아지를 2~4개월령 동안 같이 사육하는 것이다. 이유 전과 후의 축사와 환경 조건은 비슷해야 하며 이유 후의 위치도 가능하면 비슷한 지역이어야 한다. 이렇게 하면 더 어린 송아지를 돌보는 동안 2~4개월령 그룹을 정기적으로 관찰하며 사료급여를 실시할 수 있다.

송아지 우리는 가급적 널찍하고 청소가 용이해야 하며, 채광과 통풍이 잘되고 외풍을 막을 수 있어야 한다. 그리고 신선한 음수를 계속 마실 수 있게 하고, 잠자리와 구분되도록 음수통과 여물통은 한쪽 면이나 구석에 위치시킨다. 모든 송아지가 동시에 여물통에서 사료를 먹을 수 있게 하는 것이 중요하다. 송아지를 그룹으로 구분할 때, 최대로 허용되는 개체 간 연령 차이는 3주이다. 만약 월령 차이가 많이 나는 송아지와 함께 있게 되면, 사료에 대한 경쟁으로 더 어린 송아지나 약한 송아지는 잘 먹지 못하게 되어 저영양 상태가 된다. 이유된 송아지를 새로운 환경으로 옮길 때, 제각(뿔 자르기)이나 부유두 제거와 같은 건강관리 조치를 취해서는 안 된다. 접종과 같은 다른 조치는 이유 후에 하는 것이 적절하지만, 부유두 제거는 이유 몇 주 전 · 후에 실시하는 것이 좋다. 제각은 1~2주령 정도로 가축이 아직 어려서 뿔의 봉오리가 작은 상태일 때가 가장 좋다. 전기 제각기를 잘 활용한다면 고통을 최소화하고 신속히 제거할 수 있다. 부유두는 유두에 가까이 존재하며 크기가 더 작은데 이들은 가위를 이용하여 제거할 수 있고, 요오드나 다른 국소 살균제를 발라 치료한다.

✚ 육성기 사양관리

(1) 육성기 관리의 목표

젖소의 유전능력을 최대로 발휘하게 하기 위해서는 육성우 관리 프로그램이 매우 중요하다. 젖소의 육성기란 생후 7개월령에서부터 12개월령까지의 큰송아지, 그 이후부터 24개월령까지의 임신우에 이르는 성장단계를 말하는데 이 시기는 송아지의 질병관리와 같은 어려운 시기가 지나 사양관리 측면에서 등한시하기 쉬운 단계이다. 그러나 유기낙농에서 강건한 육성우의 가치는 건강한 성우로 자라 건강한 분만과 왕성한 유생산 활동을 길고 오랫동안 계속하게 해주는 미래의 소득원이란 점을 잊지 말아야 할 것이다. 일반 낙농경영에서와는 달리 유기낙농에서는 경제수명에 목표를 두고 육성해야 하는데, 비록 한 산차 동안의 유생산량은 작더라도 질병에 잘 걸리지 않고 오랫동안 경제활동을 할 수 있는 젖소가 더욱 중요하기 때문이다. 이러한 관점에서 후보축을 선발하고 농가 사육환경에 알맞은 체형과 유전적 소질을 판단하여 선발해야 하며, 6개월령이 되면 체중조사와 외모심사를 실시하여 미래의 소득원으로서의 가능성을 평가하여 후보축으로 사육을 계속해야 할 것이다.

표 6. 젖소 육성우의 월령별 체중 및 사료급여 체계

월 령	체중(kg)	일당증체(kg)	사료종류	배합사료(kg)	조사료
생 시	43	0.5	어린송아지	0.6	이유 후 양질의 건초 등 조사료 자유 급여(사일리지는 6개월령 이후 급여)
1	58	0.65		1.5	
2	78	0.8		2	
3	102	0.82		2.5	
4	126	0.85		2.8	
5	152	0.9		3.0	
6	179	0.85	중송아지	3.0	양질의 건초나 사일리지, 볏짚 등 조사료 자유 급여(볏짚의 경우 2.5kg 전후 급여)
7	204	0.8		3.3	
8	228	0.9		3.3	
9	255	0.95		3.3	
10	284	0.85	큰송아지	3.5	양질의 건초나 사일리지, 볏짚 등 조사료 자유 급여(볏짚의 경우 3.5kg 전후 급여)
11	309	0.8		3.5	
12	333	0.7		3.5	
13	354	0.7		3.5	
14	375	0.65	임신우	3.5	양질의 건초나 사일리지, 볏짚 등 조사료 자유 급여(볏짚의 경우 4.5kg 전후 급여)
15	395	0.6		4.0	
16	413	0.7		4.0	
17	434	0.7		4.3	
18	455	0.75		4.5	
19	477	0.75		4.8	
20	500	0.75		5.0	
21	522	0.8		5.2	
22	546	0.85		5.5	
23	572	0.85	비유초기나 중기사료로 교체급여	7.0	양질의 건초나 사일리지, 볏짚 등의 조사료 자유 급여, 분만 후 고능력우는 면실이나 보호지방으로 에너지원 보조 급여
24	597	0.9		7.0	
25	624				

(2) 육성기 사양관리의 요점

• 큰 송아지 단계의 사양관리(7개월령에서부터 12개월령까지)

사료섭취능력이 좋은 젖소를 만들기 위하여 이 시기의 송아지는 조사료를 충분히 급여하고 가능하면 운동과 방목을 최대한 늘려주는 것이 바람직하다. 6개월령 송아지 사료는 조단백질 중 미분해단백질의 비율을 알팔파나 열처리 대두 등을 이용하여 40%로 설계하고, 8개월령 사료는 미분해단백질 비율을 더욱 높여 준다.

일반적으로 8~9개월령(체중 250~275kg 정도)에 첫 발정이 일어나므로 관찰과 기록이 필요하다. 이후 10개월령은 목표 체중이 280kg 정도이며, 이 시기는 발정기이므로 영양소 공급이 불량하여 초발정이 지연되는 현상이 없도록 주의한다. 또한, 저질조사료를 급여하는 경우에 큰송아지사료를 체중의 1~1.5%까지 늘려 급여해주는 것이 좋다. 그리고 방목지의 진드기는 원충성감염(빈혈)의 원인이 되므로 방목지 진드기와 사육장의 모기 구제에 신경을 써야 한다.

• 임신우 단계 사양관리

송아지가 14개월령에 도달하면 정상적인 교미나 수정을 실시하게 되고 임신이 확정되면 태아성장과 분만사고를 방지하기 위하여 임신우의 사양관리에 만전을 기해야 한다.

사일리지나 건초 등의 조사료를 충분히 급여하는 것이 좋다. 초산 2개월 전(약 22개월령)의 체중을 530~550kg 정도 되도록 관리하고, 24개월령에 분만할 수 있도록 관리하는데, 이 시기에 유산 가능성이나 유방의 외관상 변화가 있는지 면밀히 살펴보고 필요한 조치를 취한다.

• 초임 2개월 전부터 초산 2주 전까지의 사양관리

분만 2개월 전부터 어미소의 발육과 임신말기 태아의 발육 및 분만 후 젖 생산을 위한 양분축적 등을 위하여 농후사료를 증량하여 급여한다. 살찐 소(BCS 3.7 이상)는 분만 2~3주 전까지 조사료 위주로 사육시키고, 분만 직전일까지 농후사료는 1일 4~6kg 정도로 급여하는 것이 좋다. 야위었거나 건강하지 않을 때에는 구충을 실시하고 검진과 함께 BCS(Body Condition Score; 신체충실지수)를 회복(3.5)시키는 데 힘을 기울여야 한다. 초임우의 영양소 요구량은 경산우에 비해 10~20% 더 많아서 농후사료를 반드시 보충 급여해 주어야 하지만 과다급여는 분만 시 난산을 일으킬 수 있으므로 주의해야 한다.

✚ 전환기 사양관리

(1) 전환기 젖소의 영양 및 대사생리

'01년 개정된 NRC(National Research Council; 미국 국립연구회의) 사양표준에서는 임신 270일까지, 그리고 임신 270일부터 분만까지의 영양수준으로 세분하여 (표 7)과 같이 권장하고 있다. 이와 같이 전환기 젖소는 영양수준을 달리하여 사료를 급여해야 한다. 왜냐하면 분만 직후부터 최고 비유기까지 산유량은 사료섭취량 증가보다 더 많이 증가하기 때문에 영양상태는 불균형을 이루게 되며, 특히 분만 직후에 이러한 영양 불균형이 심각한 상태가 되어 혈중글루코스 함량이 감소하고 유리지방산 및 케톤 함량이 현저하게 증가된다. 혈중지방산 함량이 증가하는 것은 산유초기 사료섭취량이 감소하여 부족해진 에너지를 보충하기 위해 체지방이 분해되어 이용되기 때문이다. 즉, 지방이 산화되어 에너지로 이용되면서 지방산이 혈액으로 전이되고 최종적으로 간에서 흡수되는데 만약 이 지방산이 처리능력 이상으로 많으면 지방간이 일어나고 간기능이 저하된다.

한편, 이 지방산은 '케톤'이라는 물질로 합성되며 이 물질이 에너지로 이용된다. 하지만 이 물질도 간에서 처리할 수 있는 능력 이상으로 많이 생성되면 결국 임신우가 분만 후 일어나지 못하는 '케토시스'가 발생하게 된다. 이와 더불어 임신우가 분만하게 되면 젖소는 약 10kg의 초유를 생산하는데, 여기에는 칼슘이 약 23g 함유돼 있다. 이 양은 보통 우유에 함유되어 있는 칼슘의 약 9배이다. 따라서 분만우는 사료나 뼈로부터 부족한 양을 추가로 공급 받아야 한다. 만약 혈중 칼슘의 함량 증가에 관여하는 생리기전이 불충분하면 유열이 일어나게 된다. 또한 이와 같은 대사성 질병은 후산정체, 부종 및 유방염 발생과 매우 밀접한 관계가 있기 때문에 대사성 질병 발생을 최소화할 수 있도록 영양 및 사양관리가 행해져야 한다.

표 7. '01년 NRC 사양표준의 영양소 권장량(건물기준)

구 분	성 우						육성우 및 초임우			
	건유 초기	건유 후기	분만 초기	산유 초기	산유 중기	산유 후기	6개월	12개월	18개월	24개월
건물 섭취량	14.5	10.0	15.4	29.9	23.6	20.4	5.0	7.3	11.3	
산유량			34.9	54.4	34.9	24.9				
단백질	9.9	12.4	19.5	16.7	15.2	14.1	12.4	11.4	8.8	15.0
RDP(%)	7.7	9.6	10.5	9.8	9.7	9.5	9.6	9.5	8.8	8.1
RUP(%)	2.2	2.8	9.0	6.9	5.5	4.6	2.8	1.9	0.004	4.9
MP(%)	6.0	8.0	13.8	11.6	10.2	9.2	7.6	7.0	5.3	9.7
NEl, Mcal	1.32	1.52	2.22	1.61	1.47	1.36	-	-	-	1.58
NDF(%)	40	35	30	28	30	32	32	30	32	35
ADF(%)	30	25	21	18	21	24	20	22	24	25
NFC(%)	30	34	35	38	35	32	35	30	25	34

Ca(%)	0.44	0.48	0.79	0.60	0.61	0.62	0.47	0.41	0.44	0.40
P	0.22	0.26	0.42	0.38	0.35	0.32	0.25	0.23	0.18	0.23
Mg	0.11	0.2	0.29	0.21	0.19	0.18	0.11	0.11	0.08	0.14
Cl	0.13	0.2	0.2	0.29	0.26	0.24	0.11	0.12	0.1	0.16
Na	0.1	0.14	0.34	0.22	0.23	0.22	0.08	0.07	0.12	0.1
K	0.51	0.62	1.24	1.07	1.04	1.07	0.47	0.48	0.46	0.55
S	0.2	0.2	0.2	0.2	0.2	0.2	0.2	0.2	0.2	0.2
VitA ($10^3 \times$IU)	58	60	75	75	75	75	16	24	36	60
D($\times 10^3$)	11.7	12.1	21	21	21	21	6	9	13.5	10
E	1,168	1,211	545	545	545	545	160	240	360	1,202

※ 미량광물질: Co(0.11ppm), Cu(10~16), I(0.3~0.4), Fe(13~30), Mn(14~24), Se(0.3), Zn(22~70)

(2) 대사성 질병을 줄이기 위한 전환기 사양관리

• 사료섭취량의 최대화

전환기 동안에 사료 섭취량을 최대화하는 것은 (표 8)과 같은 대사성 질병을 줄이는 데 중요하다. 정상적인 젖소의 사료섭취량이 건유기 때부터 분만직전까지 체중의 1.8%에서 1.2%로 감소하는 반면에, 분만 전이나 후에 대사성 질병을 경험한 젖소의 사료섭취량은 체중의 1.8%에서 0.9%로 더 감소하였으며, 산유량도 적었다.

• 신체충실지수(BCS: Body Condition Score)

임신우의 신체충실지수(BCS)가 3.7 이상으로 비만한 경우는 분만 후에 식욕이 현저하게 감소하여 체중의 1.5%의 사료를 섭취하게 되고, 신체충실지수(BCS)가 3.2~3.6인 경우에는 체중의 약 2.0%까지 사료를 섭취하였다. 또한, 임신우가 과비되면 산유초기 때 건강문제가 발생하게 되므로 적정 신체충실지수(BCS)를 유지하도록 한다.

• 조사료 : 농후사료 비율 조절

전환기간 중 조사료 비율은 줄이고 농후사료 비율을 늘려주면 에너지 섭취량이 증가하여 체지방 조직으로부터의 지방산 동원이 감소하게 된다.

분만 예정 2~3주 전부터 농후사료의 비율을 높여 주어 생성된 프로피온산은 조사료 급여 시 주로 생성되는 초산보다 반추위 융모의 발달을 촉진하여 반추위로부터 휘발성지방산의 흡수 능력을 개선한다. 결국 반추위 내 휘발성지방산의 축적을 최소화함으로써 상대적으로 반추위의 pH 저하를 막아주는 것이다. 이로 인하여 분만 후 농후사료를 많이 급여하는 조건에서도 산독증과 같은 질병 발생을 줄일 수 있다. 반추위의 융모가 충분히 발달하기 위해서는 최소한 4~6주가 소요된다.

이때 주의해야 할 사항은 과도하게 농후사료를 급여할 경우에 오히려 반추위의 기능이 저하되어 생산성에 반대의 효과가 나타나게 된다는 것이다. 따라서 반추위의 기능이 적절하게 유지될 수 있도록 조사료의 급여량은 최소한 일일 체중의 1.2~1.5%, 즉 하루에 건초 8~9kg 정도를 급여하여야 한다.

표 8. 주요 대사성 질병 및 유성분 저하의 원인

구 분	주요 원인
케토시스	① 과비된 임신우 ② 낮은 섬유소(ADF 19% 이하) ③ 분만 후 스트레스 ④ 산유초기에 부족한 농후사료 급여 ⑤ 분만우에 과도한 농후사료 급여 ⑥ 사료를 심하게 골라서 섭취하는 젖소 ⑦ 발효가 잘못된 사일리지 ⑧ 단백질 및 황 결핍 ⑨ 급격한 사료의 변경 ⑩ 감소된 사료섭취량 ⑪ 다른 대사성 질병의 발생
제4위 전이	① 과비된 임신우 ② 급격한 사료의 변경 ③ 운동 부족 ④ 부족한 조사료 ⑤ 세절된 조사료 ⑥ 반추위의 활력 저하 ⑦ 케토시스 ⑧ 유열 ⑨ 낮은 사료섭취량

유 열	① 건유기 과도한 Ca 급여　② 건유기 과도한 P급여 ③ 낮은 Mg 섭취　④ 고 수준의 K ⑤ Ca : P의 비율이 1.5 : 1 이하인 경우 ⑥ 과비　⑦ 저하된 사료섭취량　⑧ 높은 양이온 비율

• 사료 중 에너지와 단백질 농도의 증가

분만 예정 3주 전부터 에너지 및 단백질의 섭취량을 증가시켜 주면 분만 후 대사성 질병의 발생이 줄어든다. 에너지를 높이기 위해 주로 사용할 수 있는 물질은 전분 등과 같은 비구조탄수화물인데 임신우는 33~38%, 그리고 산유 초기는 35~40%가 적정 수준으로 45%를 넘어서는 안 된다. 왜냐하면 농후사료의 과다 급여로 반추위 내 pH가 떨어져 산독증과 같은 대사성 장애가 발생될 수 있으며, 이로 인하여 부제병과 같은 발굽 질병이 동반될 수 있기 때문이다. 따라서 반추위의 안정적 발효 유지와 더불어 가축의 생산성을 최대로 유지하기 위해서는 조사료 : 농후사료의 비율이 중요한데 NDF(중성세제 불용성 섬유소) : 비구조탄수화물은 1 : 1.2가 적정비율이다.

한편, 단백질의 급여량을 증가시키면 후산정체와 케토시스 발생률이 감소하지만 임신우에 있어서 사료의 단백질 함량이 15% 이상일 경우에는 기립불능우와 같은 여러 가지 대사성 질병 발생이 늘어날 수 있다.

• 첨가제 급여

– **나이아신:** 나이아신은 분만전 및 산유초기에 두당 약 6~12g/일 정도 급여하면 혈중 케톤체 함량을 줄여 분만 후 케토시스를 예방하는 데 효과적이다.

– **프로필렌글리콜 또는 칼슘프로피오네이트:** 프로필렌글리콜은 분

만우의 케토시스를 예방하기 위해 많이 사용하고 있으며, 그 첨가량은 건물의 5% 이내로 제한하여야 하고 분만 전 10일부터 분만 직후까지 약 300~500ml를 TMR 사료나 농후사료에 잘 섞어서 급여한다. 한편, 칼슘프로피오네이트는 전환기 대사성 질병인 유열과 케토시스를 동시에 예방하기 위해 사용하며, 이때 사용량은 0.45~0.68kg이 적당하다(표 9).

표 9. 분만우에 프로필렌글리콜과 칼슘프로피오네이트의 급여 효과

구 분	물(대조구)	프로필렌글리콜	칼슘프로피오네이트
산유량(Kg/일)	41.4	44.7	43.5

– **양이온-음이온 사료:** 유열은 분만 후 혈중 칼슘 함량이 저하되어 발생하는 질병으로, 분만우의 약 5~9%에서 발생한다. 급여하는 사료의 이온가에 의해 혈중 칼슘의 함량을 조절할 수 있는데, 임신우에 음이온 사료를 급여하면 체내는 약산성상태가 되어 젖소는 중성을 유지하려는 항상성을 가지게 된다. 따라서 뼈나 사료로부터 양이온인 칼슘의 흡수가 촉진되므로 혈중의 칼슘 함량이 증가하여 유열을 예방할 수 있다. 이와 같은 최근의 연구 결과를 토대로 '01년 NRC 사양표준에서는 (표 10)과 같이 임신우의 사료가 음이온인지 양이온인지에 따라 광물질의 권장량이 다르다. 이때, 급여하는 사료의 이온가는 다음의 공식에 의해 계산할 수 있다. 즉, 사료 건물 중 Na, K, Cl, S의 4가지 광물질의 함량을 구한 다음, [(%Na×43.5) + (%K×25.6) – (%Cl×28.2) + (%S×62.4)]식에 대입하여 계산한다.

표 10. '01년 NRC 사양표준의 전환기 광물질 및 음이온-양이온 적정 추천량

영양소	양이온 사료	음이온 사료
	% / 건물	
Ca	0.45	0.6~1.5
P	0.3~0.4	0.3~0.4
Mg	0.35~0.4	0.35~0.4
Cl	0.15	0.8~1.2
K	0.52	0.52
Na	0.1	0.1
S	0.2	0.2
(Na+K) - (Cl+S)	+18.5	-4.1
	IU / 체중, kg	
Vit. A	110	110
Vit. D	30	30
Vit. E	1.6	1.6

- 면역기능 및 대사기능 강화 물질
  - **비타민E:** 비타민E는 면역기능을 강화시켜 주는 대표적인 물질로 0.1ppm의 Se와 함께 첨가하면 유방염 발생률을 현저히 감소시킬 수 있으며, 분만 전후 비타민E의 급여량은 약 1,000~2,000IU/일이 적당하다.
  - **크롬(Cr):** 크롬(Cr)은 글루코스의 대사작용 및 면역기능 강화에 관여하는데, Cr-메티오닌을 전환기 젖소에 급여한 결과, 무첨가보다 사료섭취량이 증가하고, 체세포수도 낮았으며, 특히 크롬 수준이 0.06ppm인 사료에서 산유량이 가장 높게 나타났다(표 11).

표 11. 전환기 젖소 사료의 크롬(Cr) 첨가 수준이 사료섭취량 및 생산성에 미치는 영향

구 분			크롬 첨가 수준(mg/kg)			
			0	0.03	0.06	0.12
사료 섭취량	분만 전	일일섭취량	10.9	11.1	11.8	12.5
		체중대비(%)	1.44	1.62	1.62	1.73
	분만 후	일일섭취량	13.8	14.9	17.2	16.3
		체중대비(%)	2.06	2.35	2.56	2.4
산유량(%)			33.5	34.0	38.5	31.8
유지율(%)			4.36	4.37	4.44	4.13
유단백(%)			3.12	2.99	3.06	3.07
체세포지수			2.16	2.14	2.03	2.22

- **셀레늄(Se):** 셀레늄(Se)도 면역기능을 강화하는 물질로 NRC 사양표준에서는 0.3ppm을 권장하고 있으나 분만 전후의 젖소에는 이보다 다소 증가시키는 것이 바람직하다. 특히 사료 중 Se의 흡수율은 사료의 Ca 함량에 좌우되며 Ca 함량이 0.8% 정도일 때 최대가 된다.
- **콜린(Choline):** 분만 후에 에너지가 부족한 경우에 체지방으로부터 동원된 지방산이 이용되는데, 이때 TCA에 의해 지방이 산화되거나, 초저밀도지단백질(VLDL: Very Low Density Lipoprotein)로 전변되어 혈액으로 운반되어 사용되는 2가지 경로가 있다. 이중 후자의 경로는 콜린에 의해 촉진된다. 따라서 콜린을 전환기 젖소에 급여할 경우에 혈중 유리지방산(NEFA: Nonesterified Fatty acid)의 함량을 낮춰 케토시스와 같은 대사성 질병을 줄일 수 있다.

✚ 착유우의 사양관리

일반적으로 고능력우를 유기축으로 육성하면 고능력우가 아닌 경우보다 체중 손실이 크다. 일반 젖소는 고능력우를 생산하기 위해 고농도의 에너지 사료를 급여해 왔다. 그러나 유기낙농 표준에 따르면 농후사료 급여량의 상한선이 있으며 고농도의 에너지 보충사료는 급여할 수 없다. 따라서 고능력 젖소는 지나친 체중 감소 때문에 유기낙농 개체로서 부적합하다. 물론 고능력 젖소의 유기축 전환이 가능하지 않은 것은 아니지만 이를 위해서는 특별 사료가 필요하며 점차적으로 도입하는 것이 좋다. 모든 젖소가 달성하기는 어렵지만 분만 시 목표 BCS는 3.3 이상을 유지하는 것이 필요하다. 이와 같은 BCS을 유지하기 위해서 일반 사육과 마찬가지로 비유 후기 때 적정 BCS을 가질 수 있도록 영양관리를 해주어야 한다. 또한, 유기 젖소는 주로 방목 또는 조사료 위주로 사육하기 때문에 섭취한 광물질의 함량은 목초에 따라 많은 차이가 있을 수 있는데 이는 목초를 재배한 토양 상태, 산도 등에 좌우된다.

다량광물질, 즉 칼슘(Ca), 인(P), 마그네슘(Mg) 및 나트륨(Na) 등은 특히 겨울철 사료를 계산할 때 고려해야 한다. 이를 위해서는 급여하는 조사료의 영양분석이 요구된다. 곡류, 완두콩 및 콩은 칼슘 급여원으로는 부적합하여 요구량 충족을 위해 칼슘 첨가가 필요하다. 칼슘관리를 잘 못해줄 경우 분만 후 유열에 걸리기 쉽다. 그리고 인(P) 또한 중요한 광물질로 너무 적으면 산유량 및 번식률이 떨어진다. 그래서 적정 Ca : P의 비율은 1 : 1에서 1.5 : 1 수준을 유지하는 것이 바람직하다. 마그네슘은 봄철 방목 시 반드시 고려해주어야 하는데 봄철에는 목초의 성장이 매우 빨라 마그네슘의 함량이 떨어지기 때문이다. 그리고 마그네슘의 흡수를 감소시켜 주는 칼륨(K)의 함량이 높은 사료를 함께 급여하는 경우에 그라스테타니와 같은 질병의 발생에 유의한다.

Ⅳ. 유기우유의 특성

일반적으로 유기농 유제품이란 인공성장호르몬이나 살충제의 처치 없이 자란 소에서 짠 젖을 영양소의 파괴를 최대한 방지하고 우유 고유의 맛을 느낄 수 있도록 저온장시간살균(LTLT: Low Temperature Long Time) 또는 고온단시간살균(HTST: High Temperature Short Time) 기술로 생산한 우유로 만든 유제품을 말한다.

일반 우유와 차별되는 유기농 우유의 품질적인 특성은 미량 영양소 성분 중 (표 12)에서 보는 바와 같이 철분(Fe)과 칼륨(K) 등이 증가하였으며, 실제 유기농 젖소에게 먹이는 사료의 차이점 등으로 인해 지방산 중 CLA(Conjugated Linoleic acid; 공액리놀레산)의 함량이 매우 증가되는 것으로 나타났다(표 13). 또한 유기농우유를 이용한 고다치즈 제조 후 숙성 기간 동안의 관능검사를 일반우유와 비교한 결과 (표 14)에서와 같이 향취, 맛, 촉감, 뒷맛 및 선호도에 있어서 높게 나타났으며, 숙성 후 치즈 색이 유기농 우유를 이용한 치즈에서 짙은 황색을 띠는 것으로 나타났다(그림 1). 이 외에 심장건강, 관절, 골격 및 치아 건강을 유지하는 필수지방산인 오메가3지방산이 풍부하고 비타민E의 함량이 높은 것이 특징이다. 또한 베타카로틴, 그리고 산화방지제 효과가 있는 루테인과 크산틴 함량은 2~3배 높은 것으로 나타났다.

표 12. 국내 유기 및 일반우유 중 미량 영양소 성분

구 분	일반우유	유기우유
광물질(ppm)		
Ca	935.5	944.5
Fe	–	1.5
Zn	3.0	2.5
P	757.0	701.5
Na	319.0	253.0
Mg	94.0	83.5
K	876.0	1,319.0
비타민E(mg/dl)	9.59	10.47

출처: 농촌진흥청 국립축산과학원('05)

표 13. 국내 유기 및 일반우유 중 유지방 조성분

구 분	유기우유	일반우유	비 고
Myristic acid (C14:0)	9.68	9.6	
Palmitic acid (C16:0)	31.55	23.4~26.3	
Stearic acid (C18:0)	10.4	9.7~13.2	
Oleic acid (C18:1)	30.96	28.6~32.2	
Linoleic acid (C18:2)	14.92	1.6~4.7	9.3~3.2
Linolenic acid (C18:3)	0.61	0~1.2	
포화지방산	51.63	64.9	
불포화지방산	48.37	35.1	

출처: 농촌진흥청 국립축산과학원('05)

표 14. 일반 및 유기우유 치즈의 원료와 숙성기간에 따른 관능특성

구 분	숙성기간	처 리	향 취	맛	촉 감	뒷 맛	선호도
일반 · 유기우유	1개월	유 기	5.22±2.05	5.70±2.24	5.79±2.11	5.80±2.26	5.96±2.31
		일 반	3.00±3.15	5.30±2.38	5.50±1.81	5.24±2.37	5.00±1.98
	2개월	유 기	6.41±2.14	7.38±2.30	6.90±2.53	7.24±2.66	7.55±2.21
		일 반	5.80±1.35	5.88±1.92	6.02±2.04	5.84±2.29	6.18±1.95

출처: 농촌진흥청 국립축산과학원('05)

그림 1. 유기 및 일반우유를 이용한 고다치즈의 특성

일반우유(좌)와 유기우유(우)

출처: 농촌진흥청 국립축산과학원('05)

V. 유기낙농과 기록관리

유기낙농농가에서 간과(看過)해서는 안 되는 것이 소 개체별 생산정보를 기록 · 관리해 두는 것이다. 생산자는 효율적인 기록 · 관리를 위하여 모든 기록 즉, 젖소 개체별 출생부터 죽거나 판매될 때까지의 목장 내 전 생애에 대한 생산정보를 정밀하게 기록 · 관리해야 하며 이로써 후일에 소비자로부터 요구에 응할 수 있다. 이러한 생산과정 전반의 개체별 기록들이 생산물에 대한 유기농의 객관적 증거자료가 되기 때문이다. 이렇게 객관적인 증거자료를 준비한 농가는 그 자체로 소비자의 신뢰를 확보할 수 있다. 여기에서는 유기낙농에서 특별히 세심한 관리가 필요한 젖소의 생산생명활동 정보를 어떻게 기록하고 효율적으로 관리할 수 있는지에 대하여 살펴보고, 아울러 목장 전반에 걸친 각종 구입정보와 판매정보, 젖소 개체 생산 및 구입과 같은 정보의 발생단계에서부터 죽거나 매각될 때까지의 전 생애 기록들을 모두 기록하고 보관하기 위한 방법을 소개한다.

1. 입식(생산) 정보

목장에서 최초 구입하거나 생산하여 사육을 시작한 모든 젖소에 대해서는 꼼꼼하게 그 정보를 기록하여야 한다. 그리고 (표 15)와 같이 개체의 확인을 위한 개체등록대장(일종의 주민등록대장)를 비치하면 편리하다. 입식(생산) 시 디지털카메라를 이용하여 좌, 우, 정면 3장의 사진을 찍고 첨부하면 이표가 떨어져 나간 경우에도 개체를 잃어버리지 않고 정확히 확인하는 데 크게 도움이 된다.

2. 관리 정보

입식하거나 생산된 젖소를 당일부터 개체별로 관리되고 관리사항 전부를 개체기록장부에 기록할 수 있다면 더없이 좋지만, 현실적으로 매우 어려운 것이 사실이다. 그러나 이것은 유기낙농 경영체의 마지막 결과인 생산물의 안전성 인증, 즉 유기생산물 인증을 위한 피할 수 없는 과정이고 또한 시시비비를 가려줄 최후의 수단이기도 하기 때문에 유기목장 경영자는 반드시 극복해 내야 하는 과정임을 명심해야 한다.

관리 정보는 (표 16)과 같은 양식에 따라 누구라도 알기 쉽게 발생한 날로부터 일자별로 미루지 말고 빠짐없이 기록해놓는 것이 좋다. 바쁜 일상으로 하루 이틀 미루다 보면 잊어버려서 소중한 기록이 소실될 위험이 있기도 하고 소비자나 인증관리기관에서도 경영자의 이런 기록들을 보고 신뢰여부를 결정할 것이기 때문이다.

표 15. 개체등록대장

관리번호 (이표)	바코드	생년월일	출생장소	어미명		아비명		교배방법 (자연교미& 인공수정)	구입처 (전화번호)	구입일
				관리번호 (이표)	바코드	정액명 (관리번호)	바코드			

사진(좌)	사진(정면)	사진(우)

표 16. 집단관리 대장 양식

[번식 기록부]

〈발정 및 수정기록〉 (조사기간:)

명 호	발정 및 수정일	정액명 (바코드 번호)	특기 사항	명 호	발정 및 수정일	정액명 (바코드 번호)	특기 사항

〈임신감정기록〉

명 호	감정일	감정결과	특기사항	명 호	감정일	감정결과	특기사항

〈송아지 생산 내역〉

모명호	분만일	송아지 내역					특기사항
		명 호	성 별	체 중	분만난도	후산시간	

※ 금주의 판매우(명호, 판매일, 판매금액 등)

[치료 기록부] (조사일:)

명 호	치료일	병 명	완치일	특기사항

※ 금주의 폐사우(명호, 폐사일, 폐사사유 등)

[체중 및 BCS 기록부] (조사일:)

명 호	체 중	BCS	명 호	체 중	BCS	명 호	체 중	BCS

[사료 생산(구입) 기록대장]

〈사료구입 및 생산 대장〉

구입 (생산) 일자	사료명	사료 종류	물 량	금 액	구입처 (전화번호)	원산지	특기 사항 (품질 등)	주요성 분함량 (수분, 에너지, 단백질)	용도 (급여 대상)

Ⅵ. 한국형 유기낙농 사양형태 및 정착방안

1. 유기낙농 사양형태

우리나라 환경에서 현실적으로 시행할 수 있는 유기낙농의 사양형태를 요약하면 다음의 (표 17)과 같다.

표 17. 한국형 유기낙농 사양형태

항 목	내 용
입지여건	• 격리된 지역(질병차단, 오염차단) • 유기, 친환경농업단지(유기 부산물사료 확보) • 저지가 지역(초지, 사료포 확보 비용 절감)
사육규모	• 가족노동으로 관리 가능 규모(착유우 30~50두 내외) • 중등~저생산 우군으로의 전환 • 조사료 안정확보 규모 이내
사양관리	• 내병성이 강한 우군의 활용 • 영양소의 균형급여 기술 필요 • 조사료에 대한 적응력 증진
사 료	• 유기 배합사료 급여량은 두당 일일 최대 4kg 이내로 제한 • 중등생산 항병성 유기 사료 개발 • 수입 유기 조사료 및 배합사료의 가격 제어 ⇒ 배합사료생산 및 수입 일원화
양축가	• 질병의 차단 및 예방 관리 능력 보유 • 각종 기록의 기입 및 유지 관리 능력 보유

2. 한국형 유기낙농의 단계별 정착방안

✚ 준비단계

첫째, 유기 전환용 종축의 선발, 즉 질병저항성이 강한 개체를 선발한다.

둘째, 기존 여건에 적합한 적정 축군을 결정한다.

셋째, 주로 기존 축사를 적극 활용한다.

넷째, 축사면적 3배 이상의 운동장, 초지 등을 확보하도록 한다.

다섯째, 환경 관련 법규를 충분히 이해하여 법 저촉을 피한다.

여섯째, 유기 조사료를 충분히 확보할 수 있도록 준비한다.

일곱째, 유기사료포 · 사료작물의 재배를 확대한다(유기논 후작).

여덟째, 자급 무농약원료 사료의 유기인증화를 시도한다.

아홉째, 급여하는 사료, 각종물질의 사용 실적을 기록 · 관리 · 유지한다.

✚ 전환단계

첫째, 가축이 질병에 걸리지 않도록 자연예방 조치를 철저히 한다.

둘째, 유기전환으로 야기되는 가축의 성장 및 생산량의 변화를 면밀하게 관찰한다.

셋째, 축사 및 운동장으로부터의 환경오염을 철저히 차단한다.

넷째, 자급 조사료의 생산이나 초지 면적을 증가시킨다.

다섯째, 유기사료로 활용 가능한 사료 원료의 인증을 확대한다.

여섯째, 유기전환 시 사료 급여량이나 영양소 요구수준의 변화를 예측한다.

일곱째, 천연물 유래 항병 및 면역기능 강화 물질을 개발 활용한다.

여덟째, 전환기 우유에 대한 인증을 시도한다.

아홉째, 전환기 우유 처리 장소를 선정한다.

✚ 유기화단계

첫째, 유기가축의 사육원칙을 준수한다.

둘째, 질병예방 및 전염병 차단을 철저히 한다.

셋째, 방목지 및 초지 면적을 최대한 증대시킨다.

넷째, 유기전환으로 변화된 생산성에 맞는 사료급여체계 및 배합률을 도출한다.

다섯째, 유기우유의 처리 장소를 선정한다(HACCP 인증 업체).

여섯째, 유기우유에 대한 인증을 실시한다(국립농산물품질관리원).

일곱째, 사육 규모의 적정성 및 경제성을 적극 검토한다.

여덟째, 유기우유의 적정 판매 가격을 산출한다.

✚ 유기낙농 정착단계

첫째, 경제성을 최대화할 수 있는 적정 사육 규모의 유기축군을 확보한다.

둘째, 유기낙농의 적정 생산 모형 및 한국형 사양 표준을 도출한다.

셋째, 유기낙농을 보급하고 저변을 확대시킨다.

넷째, 다양한 유기우유 가공 제품의 생산을 시도한다.

다섯째, 유기우유 및 유제품을 적극 홍보한다.

여섯째, Farm Stay형 유기낙농으로의 전환을 시도한다.

일곱째, 유기농후사료의 공장대량생산 단계를 도입할 필요가 있다.

Part 03

•

유기조사료

Ⅰ. 머리말

한우나 젖소 등 초식가축은 그야말로 풀만으로 성장, 유지, 번식 및 축산물 생산을 이루어 낼 수 있다. 따라서 초식가축으로 영위되는 한우와 낙농은 조사료가 유기축산 성공 여부의 열쇠를 쥐고 있다고 해도 과언이 아니다. 다시 말해 조사료 생산기반이 확보된 축산농가에서부터 유기축산의 실현이 가능하며, 세계적으로도 조사료 생산기반이 확고하지 않은 나라에서 유기축산이 높은 비중을 차지하는 경우는 없다.

유기조사료가 활성화되려면 몇 가지 조건을 갖추어야 한다. 우선 유기조사료가 전체 먹이의 상당부분을 차지할 수 있어야 한다. 바꾸어 말하면 유기조사료의 비중이 매우 작다면 크게 의미가 없는 것이다. 유기조사료의 비중이 크다면 다음으로 생산 가능성을 보아야 할 것이다. 설령 유기사료의 상당 부분을 대체할 수 있다 하여도 유기적 생산이 불가능에 가까울 정도로 어렵다면 이 또한 무리한 접근이라 할 수 있다. 이러한 점을 고려하여 유기조사료의 가능성과 생산이용 기술을 언급하고자 한다.

Ⅱ. 유기조사료가 얼마만큼의 유기사료를 대체할 수 있나

한우나 낙농은 초식가축인 소를 대상으로 하는 축산이다. 초식동물의 특성은 풀만으로 성장, 유지 및 번식은 물론 우리가 원하는 축산물까지 생산할 수 있다는 점이다. 여기에서 말하는 풀이란 먹이가 되는 식물의 잎과 줄기를 뜻하고 농후사료의 원료가 되는 옥수수와 같은 알곡은 제외한다. 인간은 생산성을 높이기 위해 농후사료를 급여할 뿐이며 소 사육에 있어 조사료가 근간을 이루어야 한다.

초식가축에 급여하는 조사료와 농후사료의 비율(조농비율)은 6 : 4 혹은 7 : 3이 바람직하다. 다시 말하면 바람직한 조사료의 비율이 60~70%이므로 조사료를 유기적으로 재배하여 급여하면 유기사료의 60~70%를 자체 해결할 수 있어, 실제로 수입에 의존하는 유기곡류사료의 비율은 30~40%로 낮아진다. 이와 같이 사료의 자급 가능성을 고려하면 초식가축에서 먼저 유기축산이 이루어질 것이고, 이에 따라 조사료 생산기반을 확보한 축산농가가 대처할 수 있는 일이 많아지는 것이다.

Ⅲ. 조사료가 유기재배에 적합한 이유

앞서 언급한 바와 같이 유기조사료의 비중이 60~70%로 높으면 다음으로 고려하여야 할 것이 유기재배의 용이성 여부이다. 유기재배의 성공여부를 결정하는 요인은 농약이라 할 수 있는데, 농약을 대체할 수 있는 천연물이 극히 제한적이기 때문이다. 농약을 사용하지 않으려면 작물 자체의 경쟁력이 강하여 잡초와의 경합에서 우위를 점하거나 경합을 피할 수 있어야 한다. 이런 측면에서 목초와 사료작물은 유기재배에 매우 적합하다. 목초와 사료작물이 갖추어야 할 조건 가운데에는 '잡초화의 우려가 없어야 한다'라는 조항이 있다. 이는 목초와 사료작물이 다른 작물의 생육을 저해하는 잡초가 될 수 있을 정도로 경쟁력이 강함을 의미한다. 초지는 조성 시 기존식생 제거를 위해 제초제를 사용하는 때 이외에는 수년간 농약을 사용하지 않고 이용할 수 있다. 또한 대표적 사료작물인 옥수수도 파종 직후 제초제를 사용하는 것이 농약사용의 전부인 경우가 많다. 더 나아가 호밀, 귀리, 보리, 이탈리안 라이그라스 등 동계 사료작물은 농약을 사용하지 않고 재배가 가능하다.

사료작물은 생육특성상 유기재배에 근접해 있어, 유기적 제초방법만 개발되면 유기재배가 가능하여 유기조사료로 이용할 수 있다. 또한 초지는 방목을 통해 사양에 관련된 거의 모든 가축복지 문제를 해결할 수 있고, 탄수화물은 물론 단백질, 비타민, 미량광물질을 다량 포함하고 있어 가축의 건강을 이롭게 한다. 또한 화학비료 대체물인 가축분뇨는 유기질 비료자원으로 이용이 가능하여 화학비료를 대체할 수 있고, 자원순환형축산 면에서도 큰 의미를 갖는다.

이와 같이 목초와 사료작물은 유기조사료의 생산, 가축복지의 실현,

가축분뇨의 환원 등 유기축산 영위를 위한 여러 문제점을 동시에 해결해주므로 조사료 생산기반이 확보된 축산농가부터 유기축산이 시작될 것이다.

Ⅳ. 유기조사료의 생산

유기조사료는 초식가축 사료 중 약 60~70%의 비중을 차지할 수 있으며, 또한 잡초와의 경쟁력이 있는 초종의 선택 또는 잡초와의 경쟁을 피할 수 있는 시기의 선택 등 재배기술 개선을 통해 생산이 가능하다.

1. 초지

목초는 조성 시 기존식생의 제거를 위해 제초제를 사용하는 이외에 농약사용을 거의 사용하지 않는다. 또한 초지 조성 시 제경법으로 기존 식생을 제거하면 유기적으로 초지를 만들 수 있다. 즉 초지는 조성과 관리기간에 걸쳐 농약을 사용하지 않을 수 있다.

✚ 유기초지 조성 및 갱신

기존식생 제거를 위한 방목축으로는 기호성의 폭이 넓어 거의 모든 잡초 및 잡관목을 채식하고, 또한 입이 작아 짧게 채식할 수 있는 흑염소를 이용하는 것이 좋다. 방목강도는 기존 식생의 양에 따라 결정되며 일반적인 경우 300두/ha를 설정하고 기존 식생을 고려해가며 방목두수를 조절하여야 한다. 중요한 점은 일주일 이내에 초지 조성이 가능할 정도로 기존식생을 제거해야 한다는 것이다. 흑염소를 방목하기 위해서는 목책, 울타리, 급수시설, 간이비가림 시설이 필요한데, 흑염소는 초지 조성이 가능하도록 기존 식생을 제거하는 데에만 이용되므로, 영구적으로 이용하지 않을 시설을 설치하는 데 많은 비용과 시간을 투자할 필요는 없다. 또한 기존 식생이 어느 정도 제거되면 배가 고파진 흑염소가 이탈할 우려가 있기 때문에 짧은 기간에 기존식생이 제거되도록 방목기간이 짧을수록 유리하다. 따라서 방목강도는 흑염소의 체중을 고려한 채식량과 기존식생의 양을 고려하여 신중하게 결정되어야 한다.

그림 1. 유기초지 조성을 위한 기존식생 제거

관행조성방법(제초제 사용)

흑염소 제경법에 의한 유기적 기존식생 제거

또한 조성과정도 성공의 열쇠가 된다. 방목과 퇴비 시용 및 파종의 순서를 적절히 하지 않으면 조성효과가 떨어진다. 이러한 점을 고려하여 다음과 같은 과정을 밟는 것이 유리하다.

- 흑염소 방목에 의한 채식(기존식생 제거)
- 기존식생이 거의 제거된 상태에서 파종과 퇴비 시용

• 이틀 정도 방목 지속(복토 및 진압)

다음 사진에서 보는 바와 같이 퇴비의 시용이 이르면 냄새 때문에 기존 식생을 충분히 채식하지 않아 파종하여도 제대로 된 초지를 조성할 수 없게 된다. 다시 말하면 기존 식생이 어느 정도 제거된 후에 파종을 하고 그 후에 퇴비를 시용하는 것이 바람직하다.

그림 2. 조성과정의 차이에 따른 기존식생 제거 정도

퇴비 시용 후 방목구 식생

방목 후 퇴비 시용구(파종 전 식생)

✚ 조성 초지의 회복

유기초지의 조성효과는 관행조성법에 비해 떨어진다. 그러나 조성 후 해가 지남에 따라 정상적인 초지관리를 통해 식생 및 건물생산성이 회복되는 경향을 보인다. 따라서 유기초지 조성 직후 목초정착이 불량하다고 하여 비배관리를 소홀히 하면 안 되며 지속적인 관리가 중요하다.

(1) 조성 1년차 초지

유기초지의 정착 개체수는 제초제와 화학비료를 사용한 관행조성에 비해 현저히 떨어진다. 또한 유기적 조성방법 간에도 과정에 따라 정착 개체수의 차이가 있다. 피복도도 정착 개체수와 유사한 경향을 보여, 관행조성에서 잡초의 발생이 적으며 유기조성을 하면 잡초의 발생을 피하기 어렵다. 또한 시용된 퇴비의 악취가 가축 채식 행동에 영향을 끼칠 수 있어, 방목 후 퇴비를 시용하거나 방목 전에 퇴비를 시용할 경우에는 15일 이상의 충분한 시간을 두어야 고른 채식을 기대할 수 있다.

표 1. 유기초지 조성 과정별 목초 정착 및 피복도

조성 방법	월동 전 초장 (㎝)	정착개체수 (개체/㎡)	피복도(%)		
			목 초	두 과	잡 초
관행조성	17.1	301	54.6	28.7	16.7
퇴비시용 후 방목	18.6	157	37.4	19.2	43.4
방목 후 퇴비시용	16.9	208	46.3	19.9	33.8
방목→퇴비→방목	17.4	196	43.9	26.1	30.0

조성 1년차 건물수량은 관행조성이 높고 유기조성에서 낮다. 예취회수별 건물수량은 1번초의 수량이 관행조성에서 현저히 높으며, 유기조성에서는 낮다. 이는 조성방법 간의 목초정착률이 다르기 때문이다.

표 2. 초지 조성방법별 예취횟수에 따른 건물생산성 추이 (단위: 톤/ha)

조성방법	1번초	2번초	3번초	4번초	계	지 수
관행조성	5.0	4.5	5.7	1.3	16.5	100
유기조성	3.1	4.0	5.6	1.3	14.0	85

초지의 좋고 나쁨을 평가할 때 주요 요인인 피복도 즉 목초가 땅을 덮고 있는 정도는 예취 횟수에 따라 차이는 있으나 관행재배에서 화본과

목초 비율이 높고, 잡초의 발생도 낮다. 관행조성에 비해 유기조성은 두과목초(콩과목초)의 비율이 시간이 지남에 따라 점차 높아지고 있다. 이는 가축분뇨에 포함된 비료성분 비율에 의한 것으로 가축분뇨를 시용하면 두과목초의 비율이 높아지는 것이 일반적인 현상이다.

표 3. 초지 조성방법별 피복도 (단위: 톤/ha)

처리내용	피복도	1번초	2번초	3번초	4번초
관행조성	화본과	49.0	71.3	81.7	57.3
	두 과	22.7	21.0	3.0	6.4
	잡 초	28.3	7.7	15.3	36.3
유기조성	화본과	69.7	61.7	53.3	54.7
	두 과	5.3	16.7	17.7	15.3
	잡 초	25.0	21.6	29.0	30.0

(2) 조성 2년차 초지

조성 2년차 초지의 건물 수량은 관행조성과 유기조성 간 차이가 없어지며, 오히려 유기조성의 건물수량이 높은 결과를 나타내기도 한다. 이는 조성 후 관리에 의해 건물생산성이 높아질 수 있음을 의미한다. 즉, 조성 당시 남아 있던 잡초가 잦은 예취와 목초에 유리한 시비에 의해 목초와의 경합에서 불리해져 감소하는 것이다. 이것은 유기초지 조성에서 매우 큰 의미를 가지는데, 방목축에 의해 목초의 생육이 가능할 정도로만 기존식생 즉 잡초가 제거되면 추후 관리에 의해 양호한 식생을 회복할 수 있고, 그 결과로 생산성이 높은 유기초지를 조성할 수 있음을 의미한다.

표 4. 유기초지 조성 2년차 초지의 건물수량 (단위: 톤/ha)

예취시기	관행조성	조성 과정을 달리한 유기초지		
		퇴비 시용 후 방목	방목 후 퇴비 시용	방목→퇴비→방목
1번초	3.6	3.7	3.6	3.9
2번초	2.5	2.7	3.2	3.5
3번초	6.0	6.0	5.4	5.6
4번초	4.5	4.4	3.5	4.2
계	16.6	16.8	15.7	17.2
지 수	100	101	94	103

조성 2년차 초지의 피복도는 관행조성과 유기조성 간 차이가 없어진다. 이는 건물 수량과 유사한 결과로 식생도 관리에 의해 충분히 개선될 수 있다. 초지조성의 성공여부를 결정짓는 목초 피복도는 예취시기가 진행될수록 높아진다.

표 5. 유기초지 조성 2년차 목초 피복도 (단위: %)

처리내용	피복도	1번초	2번초	3번초	4번초
관행조성	화본과	31.3	42.3	61.0	34.0
	두 과	61.7	53.3	8.7	15.0
	잡 초	7.0	4.3	30.3	51.0
퇴비 시용 후 방목	화본과	61.3	52.0	58.0	39.0
	두 과	24.3	31.7	11.3	8.7
	잡 초	14.3	16.3	30.7	52.3
방목 후 퇴비 시용	화본과	45.0	39.3	61.0	38.3
	두 과	43.3	50.0	17.3	10.7
	잡 초	11.7	10.7	21.7	51.0
방목→퇴비→방목	화본과	46.7	35.3	59.3	45.3
	두 과	45.0	51.7	18.0	9.3
	잡 초	8.3	13.3	22.7	45.4

✚ 유기초지의 관리 이용

초지를 방목이용하면 유기초지는 관행에 비해 건물생산성이 약 14% 감소된다. 가축생산성도 다른 요인에 의한 감소는 나타나지 않고 목초의 생산성이 줄어든 만큼의 증체량이 낮아지는데, 목초는 유기재배에 의해 사료가치의 변화는 크게 없다. 또한 요즘 보급되는 발효여과액비(SCB)는 냄새가 거의 없어 방목이용 중에도 시용이 가능할 정도이다. 이와 같은 관련 기술이 확립되면 유기초지도 관행에 버금가는 생산성을 올릴 수 있을 것이다.

표 6. 재배형태에 따른 방목초지 목초 생산성

월	관행재배		친환경재배		유기재배	
	건물수량 (톤/ha)	총량대비 지수	건물수량 (톤/ha)	총량대비 지수	건물수량 (톤/ha)	총량대비 지수
5	1.16	13	0.97	12	1.34	17
6	2.46	27	1.81	23	1.38	18
7	1.92	21	1.88	24	1.64	21
8	1.65	18	1.56	20	1.68	22
9	1.36	15	1.40	18	1.32	17
10	0.46	5	0.37	5	0.44	6
계	8.99	100	7.99	100	7.79	100

유기초지의 수량 감소폭 14%는 다른 사료작물에 비해 매우 적은 것으로 초지는 유기재배에 매우 유리하다고 할 수 있다. 다만 유기재배를 위해서는 화학비료를 사용할 수 없으므로 대체비료로 우분 퇴비를 사용하는데, 시용량은 질소 대비 200% 정도이다. 시용 시기는 생육이 시작되는 이른 봄에 약 70%를 시용하고, 방목이 종료되는 시기에 약 30%를 시용한다. 퇴비를 시용할 경우 잘게 부수어야 균일하게 시용할 수 있으

며, 덩어리진 퇴비로 인해 풀이 죽는 것을 막을 수 있다. 또 주의하여야 할 점은 이른 봄 시비할 경우, 곧이어 방목이 개시되므로 충분히 부숙된 퇴비를 넣어야 가축 기호성에 나쁜 영향을 미치지 않는다. 퇴비는 방목 개시 15~20일 전에는 시용하여야 악취 때문에 가축이 뜯어먹지 않는 것을 피할 수 있다.

앞서 언급한 바와 같이 유기초지는 수량이 14% 정도 감소하므로 방목이용 할 경우 관행과 같은 두수로 방목할 수는 없고, 수량이 감소되는 만큼 방목두수를 감축시켜 이용하여야 한다. 방목하는 총 두수의 체중도 수량감소폭인 14% 정도 감소되도록 방목하는 소의 두수를 조절하면 된다. 이와는 달리 가지고 있는 소의 두수에 맞추어 신규로 초지를 조성하여 방목이용 하려면 관행재배에 비해 면적을 17% 증가시켜야 한다.

초지는 다음 사진에서 보는 바와 같이 유기재배에서도 양호한 식생과 높은 생산성을 유지한다. 양호한 식생은 수량확보와 동시에 좌측 사진 상단에 방목되고 있는 목구(牧區)처럼 균일하게 채식되고 있음을 보여주는데, 이는 초지관리상 매우 중요한 요인이다. 또한 유기축산에서는 가축복지를 중시하여 넓은 장소에서 사육토록 규정하고 있다. 이러한 측면에서 초지는 소가 자유로이 채식하고 평화롭게 휴식할 수 있는 공간을 제공해주기도 한다. 또한 초지는 가축 생산성은 물론 도시민의 문화공간으로도 충분히 활용될 수 있는 경관자원이다. 이런 점들로 볼 때, 현재 부실화되어 활용되고 있지 않는 초지는 유기축산의 잠재적 자원이라 할 수 있다.

그림 3. 유기초지의 방목 전경

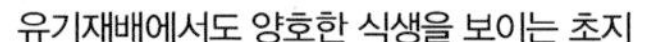
유기재배에서도 양호한 식생을 보이는 초지

방목은 가축복지가 고려된 최적의 사양형태

최근 국제 곡물가의 상승으로 농후사료 가격이 급등하는 가운데, 초식가축은 다행히도 조사료를 통해 농후사료를 절감할 수 있다. 사료작물은 유기재배에 적합하며, 특히 초지는 유기재배 조건에서도 관행재배의 86%에 달하는 수량을 올릴 수 있다. 그러나 초지에서 목초가 유기적으로 생산되기 위해서는 관리 · 이용은 물론 조성과 갱신도 유기적으로 이루어져야 한다. 최근에는 흑염소 제경법을 이용한 초지조성기술이 개발되어 초지조성, 생산, 이용의 전 과정을 유기화 할 수 있다.

✚ 휴경논에서 목초를 이용한 유기조사료 생산

초지조성은 대부분의 경사지를 비롯한 산지에서 주로 하는 것으로 인식되어 왔다. 경사지는 다른 작물의 재배가 곤란하여 나무나 풀만 재배하여 왔던 것이다. 즉, 경사지는 토양이 척박하고 한발의 피해가 커서 식량작물재배가 힘들거나 생산성이 떨어지는 지역이다. 목초는 이러한 지역에서 재배되었기 때문에 생산성이 낮은 작물로 인식되어 왔다.

그러나 쌀의 생산성 향상과 소비 감소로 인해 필연적으로 휴경논이 발생하고, 휴경논은 벼 재배에 불리한 중산간지의 논에서부터 발생할 것으로 예상된다. 중산간지 휴경논은 물 확보가 곤란하여 벼의 재배에는 불리하나 목초가 생육하기에는 토양과 수분조건이 매우 양호하다. 경지정리가 잘된 평야지의 논에서 답리작을 이용한 조사료 생산이 활성화 되었듯이 중산간지 휴경논을 다년간 이용이 가능한 영년생 목초의 도입으로 유기조사료를 생산하는 기술도 충분히 고려할 시기가 되었다.

(1) 중산간지 휴경논의 특성

중산간지 휴경논은 경사지에 위치하므로 배수가 용이하고 비옥하여 목초재배에 매우 용이하다. 따라서 한발 피해가 크고 토양이 척박한 산록경사지와는 비교도 될 수 없는 높은 생산량을 올릴 수 있다. 또한 논의 형태를 이루고 있는 곳은 평탄하여 기계화가 가능하고 논둑의 형태가 남아 있어 돈분액비 등 액상비료의 이용에 매우 적합하다. 논둑이 돈분액비의 유실을 막아 시용량의 증대 및 유거를 막을 수 있기 때문이다.

그림 4. 중산간지 휴경논에서 양호한 생육을 보이는 목초

(2) 중산간지에서의 가축분뇨를 이용한 목초 생산기술

휴경논에 적합한 초종과 혼파조합을 선택하는 것이 중요하다. 현재는 오차드그라스 위주의 혼파조합이 주를 이루고 있으나 오차드그라스는 습해에 약해서 휴경논을 이용한 조사료 생산에는 적합하지 않으며, 톨페스큐를 위주로 한 혼파조합을 선택하는 것이 바람직하다.

가축분뇨는 많이 이용되는 우분퇴비와 돈분액비를 이용할 수 있으며, 시용량은 질소 기준으로 100%로 하는 것이 장기연용 시 유리하다. 시용방법은 연 2회 시용을 전제로 하여 월동 전 70%, 3번초 예취 후 30%로 나누어 시용한다.

- 가축분뇨 시용과 목초의 건물생산성

퇴비와 액비 시용에 따른 초종 간 건물생산성 차이가 적으며, 초종의 특성에 의한 차이만 있다. 다년생 목초의 경우 조성 1년차에는 모든 초종에서 건물생산성이 양호하나, 2년차에는 각 초종의 영속성에 의한 차이가 현저히 커져 소멸되는 초종도 있다. 레드클로버는 조성 1년차에는 수량이 매우 높아 우수하나 2년차에는 식생이 불량해져 건물수량이 급격히 감소한다. 이와 같이 사료가치가 우수한 초종의 건물생산성을 지속적으로 유지하기 위해 보파 등 다른 방법의 도입이 필요할 것이다. 또한 퇴비와 액비 모두에서 톨페스큐 단파, 톨페스큐 위주 혼파조합 및 리드 카나리그라스는 지속적으로 높은 생산성을 유지하여 휴경논에서 가축분뇨를 이용한 유기 조사료 생산에 적합하다. 일본에서 극만생종으로 다년간 이용이 가능한 것으로 알려진 극만생 이탈리안 라이그라스(Ace)는 기존의 품종과 다르지 않은 생육특성을 나타내고 있다. 페레니얼 라이그라스는 예취 횟수에 의한 건물수량 변이폭이 크고 2년차에서는 예취가 불가능한 경우도 있어 휴경논 재배에 적합하지 않다.

그림 5. 가축분뇨 시용에 따른 목초 생산성

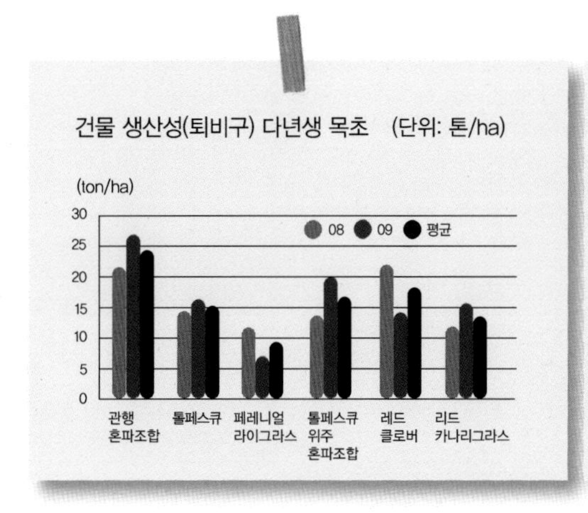

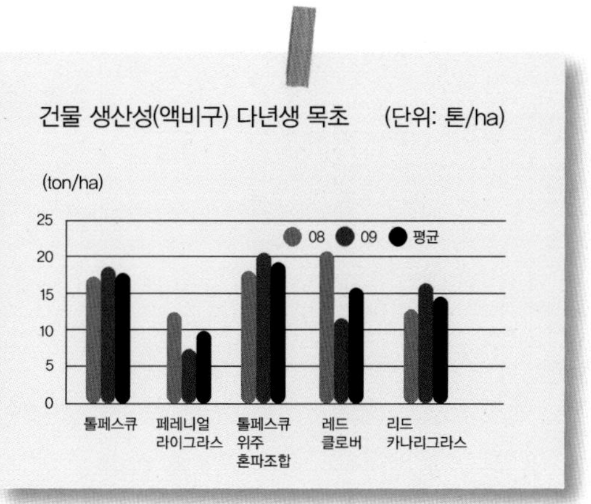

• 식생구성

영속성에 지대한 영향을 미치는 연차별 식생은 초종에 따라 차이를 나타낸다. 다년생 목초 가운데 톨페스큐 단파, 톨페스큐 위주 혼파조합 및 리드 카나리그라스는 우수한 영속성을 보이나 페레니얼 라이그라스, 레드클로버 및 극만생 이탈리안 라이그라스는 2년차 이후에는 양호한 식생을 유지하지 못한다. 레드클로버는 초종 특성상 영속성이 낮으나 초년도 식생은 매우 양호하고, 건물생산성도 우수하다. 또한 레드클로버는 두과목초로 사료가치가 매우 높아 조성 후 방치하면 식생이 불량해지나 보파 등 적절한 관리를 통해 영속성을 개선할 수 있을 것이다. 페레니얼 라이그라스는 초종명에 나타난 바와 같이 영속성이 우수한 초종이나, 하고현상[2] 등에 의해 식생이 부실화된다. 초종별 목초율은 액비와 퇴비에서 유사한 경향을 보이고 있다.

2 Summer Depression [夏枯現象]: 내한성이 강하여 월동을 잘하는 북방형 목초의 경우 여름철에 접어들면서 생장이 쇠퇴, 정지하고 심하면 황화, 고사하는데 이것을 하고라 한다.

그림 6. 가축분뇨 시용에 따른 초지의 식생구성 변화

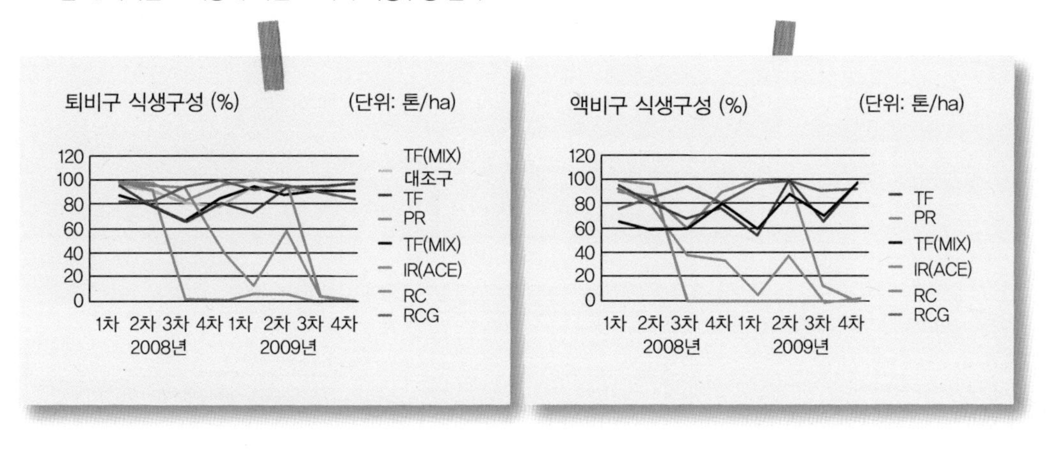

그림 7. 휴경논에서 영속성이 우수한 초종

톨페스큐 단파

톨페스큐 위주 혼파

리드 카나리그라스 단파

• 사료가치와 소화율

사료가치와 소화율은 가축분뇨 처리가 화학비료보다 약간 우수하다. 이는 시용된 비료원의 차이에 기인하는 것이 아니라 생육단계의 차이에 기인하는 것으로 판단된다. 화학비료 시용은 생육이 왕성한 생육단계에서 충분히 이용되나 가축분뇨는 분해과정을 거쳐야 하므로 봄철 생육 절정기에 이용률이 저하된다. NDF(Neutral Detergent Fiber; 중성세제 불용성 섬유소)와 ADF(Acid Detergent Fiber; 산성세제 불용성 섬유소)의 값이 높아지고 조단백질 함량과 소화율은 낮아진다. 초종별로는 페레니얼 라이그라스가 사료가치 및 소화율이 높다. 조단백질 함량은 당연한 결과이기는 하나 두과사료작물에서 높다.

표 7. 휴경논에서 퇴비 시용 시 초종별 ADF와 NDF (단위: %/DM)

구 분	1번초		2번초		3번초		4번초	
	ADF	NDF	ADF	NDF	ADF	NDF	ADF	NDF
관행재배 (톨페스큐 혼파)	33.30	57.60	31.15	54.30	33.60	53.75	29.1	51.5
톨페스큐 단파	34.36	54.26	34.42	59.15	35.36	60.69	28.2	48.3
페레니얼 라이그라스	28.31	48.13	34.80	55.11	34.44	54.51	25.9	43.3
톨페스큐 위주 혼파	28.63	45.28	33.22	52.05	35.22	57.07	26.0	44.2
극만생 이탈리안 라이그라스	31.68	44.63	-	-	-	-	-	-
레드클로버	28.36	45.05	30.13	42.51	36.44	51.28	-	-
리드 카나리그라스	35.42	58.14	37.02	60.96	37.27	61.79	28.9	51.4

표 8. 휴경논에서 액비 시용 시 초종별 ADF와 NDF (단위: %/DM)

구 분	1번초		2번초		3번초		4번초	
	ADF	NDF	ADF	NDF	ADF	NDF	ADF	NDF
톨페스큐 단파	34.55	61.74	34.96	58.07	25.54	63.90	26.8	47.6
페레니얼 라이그라스 단파	31.46	49.70	35.59	55.49	-	-	-	-
톨페스큐 위주 혼파	33.27	54.97	32.95	50.37	27.59	68.84	27.1	44.4
극만생 이탈리안 라이그라스	28.90	47.93	-	-	-	-	-	-
레드클로버	29.23	40.79	30.21	40.20	28.87	64.70	25.6	38.6
리드 카나리그라스	36.26	61.40	43.47	63.49	23.20	58.14	29.1	51.7

표 9. 휴경논에서 퇴비 시용 시 초종별 조단백질 함량 및 소화율 (단위: %/DM)

구 분	1번초		2번초		3번초		4번초	
	C P	소화율	C P	소화율	C P	소화율	C P	소화율
관행재배 (톨페스큐 혼파)	14.22	64.75	16.15	37.65	19.57	36.55	16.6	75.4
톨페스큐 단파	8.97	60.84	12.00	37.94	16.49	34.16	13.2	79.0
페레니얼 라이그라스 단파	10.51	74.76	13.49	38.23	15.48	36.12	15.6	83.7
톨페스큐 위주 혼파	11.32	66.81	14.62	40.80	16.71	34.77	17.4	84.1
극만생 이탈리안 라이그라스	10.47	72.89	-	-	-	-	-	-
레드클로버	16.85	77.96	21.22	41.28	14.75	35.15	-	-
리드 카나리그라스	12.84	64.99	13.57	37.26	12.50	29.14	15.7	72.8

표 10. 휴경논에서 액비 시용 시 초종별 조단백질 함량 및 소화율

구 분	1번초		2번초		3번초		4번초	
	C P	소화율	C P	소화율	C P	소화율	C P	소화율
톨페스큐 단파	11.32	62.61	12.37	35.92	16.69	34.20	17.0	82.6
페레니얼 라이그라스 단파	11.86	71.29	13.87	37.71	-	-	-	-
톨페스큐 위주 혼파	11.64	66.63	15.32	40.53	19.34	38.19	17.5	82.1
극만생 이탈리안 라이그라스	11.83	73.69	-	-	-	-	-	-
레드클로버	17.37	76.06	19.70	39.29	21.17	41.20	20.2	84.0
리드 카나리그라스	13.30	63.80	13.56	35.24	13.85	28.69	14.9	73.6

2. 사료작물

✚ 하계 사료작물

우리나라에서 주로 이용되는 하계 사료작물은 사료용 옥수수, 수수×수단그라스 교잡종이 대표적이다. 사료용 옥수수와 수수×수단그라스는 특징이 다르기 때문에 잘 선택하여 이용할 필요가 있다. 사료용 옥수수는 사일리지 조제에 매우 적합하며 가축기호성이 높다. 이에 비해 수수×수단그라스는 파종 및 수확시기에 여유가 있고 롤 베일사일리지 조제에 적합하다.

하계 사료작물은 건물생산성이 높아 연중생산성의 대부분을 차지한다. 따라서 작부체계를 설정할 경우 어떤 하계 사료작물을 선택하느냐에 따라 연중생산성이 달라진다. 지역에 따라 다르나 우리나라에서 대표적인 사료작물 생산 작부체계는 중북부지역의 '옥수수+호밀', 남부지역의 '옥수수+이탈리안 라이그라스'라 할 수 있다. 그러나 옥수수는 잡초에 의한 수량 감소폭이 커 유기재배에 적합하지 않다. 유기재배에 성공하려면 초기생육이 왕성하여 조기에 공간을 확보하고 잡초를 억제해야 하는데, 옥수수는 재배 방법상 고랑 사이에 넓은 공간이 생기므로 여기에서 많은 잡초가 발생한다. 또한 잡초 가운데 어저귀, 여뀌 등은 옥수수에 버금가는 속도로 자라고, 메꽃 등은 덩굴식물로 옥수수를 감고 올라가 피해를 주기도 한다. 따라서 유기재배에 적합한 하계 사료작물은 '수수×수단그라스'라 할 수 있다.

(그림 8)의 좌측은 관행재배되는 옥수수이고, 우측은 유기적으로 재배되는 수수×수단그라스이다. 옥수수는 고랑 사이에 많은 잡초가 발생하여 옥수수의 생육이 저하되고 비료성분 부족으로 녹색도도 떨어져 연두색을 띠고 있다. 이에 비해 우측사진은 유기적으로 재배되고 있는 수수

그림 8. 유기재배에 따른 하계 사료작물별 생육상황

관행재배(좌측)에 비해 잡초발생이 많아
수량이 감소된 유기재배(우측)

잡초를 억제하고 양호한 생육을 보이는
유기구의 수수×수단그라스

×수단그라스로 아랫부분에 약간의 잡초가 보이기는 하나 전체적으로는 잡초를 억제하고 양호하게 생육하고 있다. 이와 같이 관행재배 조건과 유기재배 조건에 맞는 작물이 다를 수 있으므로 재배형태에 맞는 작부체계를 선정할 필요가 있다.

화학비료를 대체하여 가축분뇨를 시용할 경우 시용량이 증가할수록 사료작물의 건물수량도 증가하나 토양, 유거수(흘러내리는 물), 침투수 등의 오염을 고려한 적정 시용량은 질소기준 100% 정도가 적당하다. 옥수수는 전량 기비로 시용하나 수수×수단그라스는 2회 예취하기도 하므로, 기비와 1차 예취 후 추비로 나누어 시비하기도 한다. 1차 예취 후 시용하는 가축분뇨는 액비가 좋으며, 식물체가 남아 있는 상태이므로 액비 중 고형물함량이 너무 높으면 피복에 의한 피해를 입을 수 있다.

시용 시기는 비가 온 직후를 피하는 것이 좋다. 그 이유는 액비는 질소함량이 낮아 시용하는 양이 많아지는데, 토양이 젖어 있으면 이를 다 흡수하지 못하기 때문이다. 기비를 액비로 시용할 경우 양이 많으므로 시용 전에 로터리 작업을 하여 신속하게 스며들 수 있도록 한다.

퇴비는 반드시 부숙된 것을 사용하여야 한다. 초지는 기존의 초지식생이 잡초를 억제하고, 동계 사료작물은 잡초가 발생하지 않는 시기에 생육하므로 잡초 발생에 어느 정도 대처할 수 있다. 그러나 하계 사료작물은 발아부터 잡초와 경쟁이 치열하므로 시용된 퇴비에 잡초의 종자가 있으면 잡초발생이 현저히 늘어나 피해가 커지기 때문이다.

✚ 동계 사료작물

주요 동계 사료작물은 호밀, 청귀리, 보리 및 이탈리안 라이그라스라 할 수 있다. 동계 사료작물은 관행적으로 재배하여도 농약을 사용하지 않는다. 따라서 화학비료를 가축분뇨로 대체하면 유기조사료를 생산할 수 있다. 이와 같이 동계 사료작물은 유기조사료원으로 이용하기에 가장 적합하다. 다만 이제까지 가축분뇨를 이용하여 동계 사료작물을 재배할 경우 전량을 기비로 시용하여, 가을에 다량의 가축분뇨를 일시에 시용하여 토양과 수자원 오염의 우려가 있다. 이는 친환경을 우선으로 하는 유기축산의 목적에도 위배된다. 또한 시비된 비료 성분은 생육이 왕성한 이듬해 봄부터 이용되기 시작하므로 겨울철 동안 비료 성분이 소실되어 정작 비료 성분이 필요한 봄철 생장기에 부족해지는 문제점이 있다. 이러한 현상은 이탈리안 라이그라스에서 뚜렷이 나타나며 가축분뇨를 전량 기비로 시용하면 관행재배의 60% 정도 수량밖에 올리지 못한다. 따라서 동계 사료작물은 가을에 파종하여 이듬해 봄에 왕성하게 생육하는 특성을 고려하여 가축분뇨의 분할 시용이 이루어져야 한다.

3. 유기조사료 생산 작부체계 및 두과작물의 활용

유기조사료의 연중생산성 안정화와 극대화를 위하여 중부지역과 남부지역에서의 유기조사료 생산을 위한 작부체계를 선정하여야 한다. 앞서 언급한 바와 같이 지역에 관계없이 유기재배 조건에서 건물생산성은 사일리지용 옥수수가 낮고, 수수×수단그라스가 높다. 동계 사료작물별 생산성은 중부지역에서 이탈리안 라이그라스보다 호밀의 TDN 생산성이 높고, 남부지역에서는 차이가 적어, 지역에 따라 다른 특징을 나타낸다.

이를 바탕으로 유기조사료 생산을 위한 지역별 작부체계는 다음과 같다.

- **중부지역**: 수수×수단그라스 교잡종 + 호밀
- **남부지역**: 수수×수단그라스 교잡종 + 호밀 혹은
  수수×수단그라스 교잡종 + 이탈리안 라이그라스

표 11. 중부지역 작부체계별 건물수량 및 가소화영양소 총량 (단위: TDN, 톤/ha)

처리 내용	동계작물 수량		하계작물 수량		계			조수입
	건 물	TDN	건 물	TDN	건 물	TDN	지 수	(천원/ha)
옥수수+호밀(대)	8.0	4.9	14.2	10.0	22.2	14.9	100	7,450
옥수수+호밀	7.4	4.4	8.1	5.5	15.6	9.9	66	11,543
옥수수+IRG	2.3	1.6	7.9	5.5	10.2	7.1	47	8,278
수수×수단+호밀	7.1	3.9	12.9	6.8	20.0	10.5	70	12,243
수수×수단+IRG	2.5	1.6	13.0	6.9	15.5	8.5	57	9,911
사료용 피+호밀	7.1	4.0	6.8	2.9	13.9	6.9	46	8,045
사료용 피+IRG	2.2	1.4	6.7	2.6	8.9	4.0	26	4,664

※ IRG: 이탈리안 라이그라스

표 12. 남부지역 작부체계별 건물수량 및 가소화영양소 총량 (단위: TDN, 톤/ha)

처리 내용	동계작물 수량		하계작물 수량		계			조수입
	건 물	TDN	건 물	TDN	건 물	TDN	지 수	(천원/ha)
옥수수+호밀(대)	8.0	5.1	11.2	7.8	18.2	12.9	100	6,450
옥수수+호밀	4.5	2.7	3.9	2.5	8.4	5.2	40	6,063
옥수수+IRG	4.0	2.8	3.7	2.4	7.7	5.2	40	6,063
수수×수단+호밀	8.1	4.5	12.3	6.4	20.4	10.9	84	12,709
수수×수단+IRG	7.6	5.1	12.0	6.2	19.6	11.3	87	13,175
사료용 피+호밀	8.2	4.7	7.2	2.6	15.4	7.3	56	8,511
사료용 피+IRG	7.0	4.8	7.0	2.5	14.0	7.3	56	8,511

※ IRG: 이탈리안 라이그라스

유기조사료 생산을 위한 유기비료의 확보가 용이하지 않다. 엄밀히 말하면 가축분뇨도 유기적으로 사양한 가축의 분뇨여야만 유기비료라고 할 수 있는 것이다. 이러한 난점을 극복하기 위하여 두과사료작물을 유기적으로 재배하여 유기녹비로 이용하는 것도 유기비료 확보의 한 방안이 될 수 있다. 두과사료작물은 스스로 질소를 고정하여 이용하므로 다른 작물에 비하여 비료성분의 요구량도 적어 유기재배에 용이하다. 두과사료작물 가운데 헤어리베치는 연간 120~164kg/ha의 질소비료 공급능력이 있고, 이른 봄 생육이 왕성하여 유기녹비로서 충분히 가치가 있다.

표 13. 중부지방에서 헤어리베치 녹비 효과 (단위: kg/ha)

처 리	경엽(1차)※	암이삭(2차)	잡 초	계
대조구(관행재배)	7,930	6,339	-	14,270
옥수수 (헤어리베치 녹비)	4,800	3,943	4,860	13,605
수수×수단 (헤어리베치 녹비)	8,228	6,151	434	14,814

※: 수수×수단그라스

표 14. 남부지방에서 헤어리베치 녹비 효과 (단위: kg/ha)

처 리	경엽(1차)※	암이삭(2차)	잡 초	계
대조구(관행재배)	6,687	5,500	–	12,187
옥수수(헤어리베치 녹비)	3,475	2,137	3,756	9,369
수수×수단 (헤어리베치 녹비)	8,294	5,252	622	14,169

※: 수수×수단그라스

헤어리베치를 이용한 옥수수 관행재배 대비 생산성을 작물별로 비교하면 옥수수는 중부지역에서 95%, 남부지역에서 77%이며, 수수×수단그라스는 중부지역에서 104%, 남부지역에서 116%이다. 이와 같이 두과 사료작물을 유기녹비로 이용하여도 높은 수준의 유기조사료를 생산할 수 있다. 헤어리베치는 줄기가 연하여 로터리 작업 시에도 뭉치거나 몰리지 않고 잘게 절단되어 균일하게 흙과 잘 섞이며 쉽게 분해되는 특징이 있다.

4. 논에서 유기조사료 주년생산체계

쌀 생산 조정에 의해 휴경논의 발생은 매년 증가하고 있다. 쌀 이외의 식량작물이나 경제작물을 재배할 경우 그 작목의 가격 하락이 초래될 우려가 있어 작물 선택이 곤란하다. 그러나 조사료는 매년 막대한 양을 수입하므로 그러한 우려가 없다.

총체벼를 하계 사료작물로 하고 동계 사료작물 즉, 답리작 사료작물과의 적정한 작부체계를 설정도 고려해볼 필요가 있다. 유기재배를 위해 필연적으로 발생하는 가축분뇨의 시용이 총체벼의 생육특성 및 수량, 토양의 이화학적 특성에 미치는 영향과 우분 잔효 효과를 구명하여 지속적이고 친환경적인 조사료 생산기술을 확립하여야 한다.

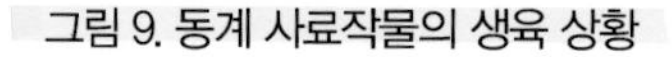
그림 9. 동계 사료작물의 생육 상황

동계 사료작물별 건물수량은 호밀이 가장 많고, 이탈리안 라이그라스, 총체보리의 순이다. 퇴비를 시용하여 동계 사료작물을 재배하면 화학비료를 시용하는 것보다 수량이 떨어진다. 퇴비 시용량에 따른 수량 감소폭은 퇴비 150% 시용 시 45~47%, 퇴비 200% 시용 시 13~16%로 시용량이 증가할수록 수량 감소폭은 작아진다.

표 15. 가축분뇨 시용에 따른 총체벼 건물수량 (단위: kg/ha)

처리 내용		작 부 조 합			
		총체벼+호밀	총체벼+총체보리	총체벼+이탈리안	평균(지수, %)
중 부	화학비료	12,240	11,232	10,914	11,462(100)
	퇴비 150%	9,415	9,528	8,852	9,265(81)
	퇴비 200%	11,677	11,901	10,453	11,343(99)
	평 균	11,111	10,887	10,073	
남 부	화학비료	10,757	10,534	10,411	10,567(100)
	퇴비 150%	10,153	9,547	9,530	9,743(93)
	퇴비 200%	8,689	8,920	8,881	8,830(84)
	평 균	9,866	9,667	9,607	
총 평균(지수)		10,488(100)	10,277(98)	9,840(94)	

총체벼는 지역에 따라 달라 중부지역에서는 퇴비 200% 시용에서는 화학비료 수준의 건물수량을 보이나 남부지역에서는 퇴비 150% 시용에서 높았다. 이와 같이 지역에 따라 다른 양상을 보이기도 한다. 총체벼도 퇴비 시용량에 따라 수량의 차이가 있으나 동계 사료작물만큼 크지는 않다.

표 16. 가축분뇨 시용에 따른 총체벼 혹명나방 발생정도 (단위: 1~9)

처리 내용		총체벼+호밀	총체벼+총체보리	총체벼+이탈리안	평 균
중 부	화학비료	1	1.3	1.3	1.2
	퇴비 150%	1	1.3	1.3	1.2
	퇴비 200%	2.3	2	2	2.1
	평 균	1.4	1.5	1.5	1.5
남 부	화학비료	1.7	7.3	1.3	3.4
	퇴비 150%	2.3	3	2	2.4
	퇴비 200%	2	2.3	2	2.1
	평 균	2	4.2	1.8	2.7
총 평균		1.7	2.9	1.7	2.1

※ 1: 강(양호) ~ 9: 약(불량)

표 17. 가축분뇨 시용에 따른 총체벼 목도열병 이병률(남부) (단위: %)

처리 내용		작 부 조 합			
		총체벼+호밀	총체벼+총체보리	총체벼+이탈리안	평 균
남 부	화학비료	16.7	13.3	22.3	17.4
	퇴비 150%	53.3	53.3	56.7	54.4
	퇴비 200%	70.0	76.7	66.7	71.1
	평 균	46.7	47.8	48.6	47.7

퇴비를 이용하여 벼를 재배할 경우 병충해가 많아지는 특성이 있다. 잎집무늬마름병, 혹명나방, 잎도열병 등 병충해 발생은 화학비료를 시용하면 적고 퇴비를 시용하면 많아지며, 퇴비 시용량이 증가할수록 동

반상승하는 경향을 보여 해결해야 할 문제점이다. 잡초를 제거해주지 않으면 총체벼의 이용이 어려울 정도이므로 식용벼와 같은 수준의 제초 작업은 반드시 필요하다.

표 18. 총체벼와 동계 사료작물 작부체계 건물수량 (단위: kg/ha)

처리 내용		총체벼+호밀			총체벼+총체보리			총체벼+ 이탈리안 라이그라스			평균 지수 (%)
		벼	호 밀	소 계	벼	보 리	소 계	벼	IRG	소 계	
중부	화학 비료	12,240	16,740	28,980	11,232	12,297	23,529	10,914	13,876	24,790	25,767
	퇴비 150%	9,415	7,936	17,351	9,528	5,748	15,276	8,852	6,695	15,547	16,058
	퇴비 200%	11,677	13,937	25,613	11,901	8,990	20,891	10,453	8,667	19,119	21,874
	평 균	11,111	12,871	23,982	10,887	9,012	19,899	10,073	9,746	19,819	21,233
남부	화학 비료	10,757	11,381	22,138	10,534	7,456	17,990	10,411	8,260	18,671	19,600
	퇴비 150%	10,153	7,090	17,243	9,547	5,836	15,383	9,530	5,281	14,811	15,812
	퇴비 200%	8,689	7,676	16,365	8,920	6,746	15,666	8,881	6,077	14,957	15,663
	평 균	9,866	8,716	18,582	9,667	6,679	16,346	9,607	6,539	16,146	17,025
총 평균		10,488	10,793	21,282	10,277	7,846	18,123	9,840	8,413	17,983	19,129

하계 사료작물인 총체벼와 동계 사료작물을 연계한 처리별 주년생산성은 지역에 관계없이 총체벼와 호밀의 조합이 가장 높다. 그러나 총체벼와 보리조합과 총체벼와 이탈리안 라이그라스 조합 간의 차이는 작다.

이와 같이 총체벼와 동계 사료작물을 연계한 작부조합별 생산성을 정리하면 동계작물은 각 작물의 특성이 명확하고 경향이 뚜렷하여 유기재배를 통한 친환경 조사료 생산에 유리하다. 그러나 총체벼는 가축분뇨에 의한 처리 효과가 예측하기 곤란하고, 병충해 등의 발생 증가로 좀 더 체계적인 연구가 필요하다. 식용벼는 오랜 역사 동안 최대의 생산성을 올리기 위하여 비배관리에 대한 미세한 부분까지 고려하며 재배되었으나, 조사료로 이용되는 총체벼는 가축분뇨를 비료원으로 이용하고 잡초 관리도 제대로 이루어지지 않는 친환경적으로 재배할 경우 생산성의 저하를 피할 수 없다. 따라서 총체벼의 생산성은 완벽한 관리하에서 이루어지는 식용벼와 비교할 것이 아니라 이용되지 않는 땅을 조사료 생산기반으로 이용한다는 측면과 식량 부족에 대비하여 논의 형태를 유지한다는 측면에서 생각해야 할 것이다. 따라서 총체벼의 경제성은 배수성, 토성 등 논의 특정한 조건 및 밭 사료작물의 재배가 곤란하여 벼를 재배하여 부족한 사료작물을 확보한다는 측면이 강조되어야 할 것이다.

이와 같이 유기조사료는 초지, 하계 사료작물, 총체벼 및 동계 사료작물을 이용하여 다양하게 생산 이용될 수 있다. 유기조사료가 고부가가치의 유기농후사료를 대체하기 위해서는 유기조사료의 품질이 높아야 한다. 또한 유기축산의 실현을 위해서는 유기사료 확보가 선결되어야 하고 유기사료는 유기조사료로 대체되는 것이 가장 바람직하다.

V. 난지권에서의 유기조사료 생산이용

1. 난지권의 조사료 재배 환경

제주도는 우리나라 최남단에 위치하고 있어 겨울철은 내륙지방에 비해 따뜻하고 여름철에는 해양성 기후로 목초가 생육할 수 있는 5℃ 이상 일수도 연간 300여 일로 수원이나 목포에 비해 50~70일이 길다. 제주지역에서는 북방형 목초와 남방형 목초를 모두 이용할 수 있다. 그동안 제주지역에서 초지는 대부분 봄철에 최대사초생산량을 나타내는 북방형 목초 위주로 이용되어 왔는데, 북방형 목초는 여름철 하고피해로 인하여 영속성이 떨어지는 문제점이 있다. 최근 기후가 온난화되면서 남방형 목초의 이용이 검토되어 왔다. 남방형 목초는 산성토양에 적응성이 높고 더위와 가뭄에 강하여 하고피해 없이 여름철에 최대 생육기에 도달하여 제주를 포함한 난지권에서 양질의 조사료를 공급할 수 있다.

2. 유기초지 조성 및 관리

✚ 유기초지 조성

방목초지는 장초형 · 단초형 목초, 두과 및 화본과 목초 등 몇 가지 초종을 적절히 배합한 혼파초지를 조성하여 생산성을 향상시키고 목초의 질을 높인다. 또한 지역이나 해발고도에 따라서 생육에 차이가 있으므로 초종이나 파종량을 달리해야 한다.

표 19. 해발고도별 목초의 적정 파종량

초 종	파종량(kg/ha)		
	해발 200m	해발 400m	해발 600m
오차드그라스	18.0	20.0	22.0
톨페스큐	10.0	6.0	-
페레니얼 라아그라스	8.0	10.0	14.0
화이트 클로버	4.0	4.0	4.0
계	40.0	40.0	40.0

남방형 목초의 경우 주로 버뮤다그라스 또는 바히아그라스를 이용하는데 혼파보다는 단파 위주로 초지를 조성하는 것이 관리 · 이용에 유리하다. 그리고 남방형 목초와 북방형 목초를 동시에 이용하는 것은 각 목초의 생육특성상 바람직하지 못하며 조사료의 생산성을 최대한 높이고자 할 경우 각각의 초지를 별도로 조성하여 이용하는 것이 바람직하다. 남방형 목초는 파종한 다음 월동기간을 거치면서 뿌리의 정착이 착실해지면 이듬해 5월부터 생육이 촉진되면서 여름철에 최대 생육상황을 보인다. 특히 방목에 강한 버뮤다그라스와 바히아그라스는 난지권에서 월동이 가능하고 건물수량도 최대 17~23톤/ha으로 난지권에서 활용이 가능하다.

표 20. 제주지역에서 남방형 목초의 생육특성 및 사초 생산성

초 종	품 종	출수기(월/일)		초 장 (cm)	건물률 (%)	건물수량		
		'07	'08			'07	'08	평균
버뮤다그라스	Common	6/27	5/28	47	29.3	16,475	19,251	17,863
	Ecotype	6/24	5/30	41	29.3	11,706	16,114	13,910
바히아그라스	Tifton-9	7/26	7/4	96	22.2	18,016	28,469	23,243
	Argentine	8/13	7/16	82	21.8	17,530	22,334	19,932

출처: 국립축산과학원('07~'08)

북방형 목초의 파종시기는 봄과 가을 2회에 가능하지만, 봄 파종 시에는 잡초와의 경합으로 생육이 불량하기 때문에 가을에 파종하는 것이 유리하다. 가을 파종시기는 9월 초 · 중순이 적기이며 해발고가 600m 이상인 지역은 9월 초순에 파종하고 해발 200m 지역은 9월 중하순까지 파종하며 이보다 늦어지면 뿌리 발달이 불량하여 겨울철 동해를 입기 쉽다. 남방형 목초는 발아 적정온도가 18℃ 이상이므로 5~6월경에 파종하는 것이 좋다. 남방형 목초는 초기정착 시 잡초와의 경합에 약하기 때문에 잡초가 많이 발생한 경우 청소베기작업을 2~3회 실시해주어야 초기생육을 촉진시켜 성공적으로 초지를 조성할 수 있다.

✚ 초지관리 및 이용

초지조성이 잘되었어도 사후관리가 부실하면 2~3년 내에 부실초지로 되는 경우를 흔히 볼 수 있다. 전년도 가을에 파종된 초지는 이듬해 초봄에 추비를 해야 되고 적기에 방목이나 예취이용 되어야 한다.

목초를 최대로 활용하기 위해서는 알맞은 시비와 적정방목이나 예취이용이 요구된다. 북방형 목초는 봄철에 왕성한 생육을 나타내어 연간 생산량의 50% 정도가 6월 중순 이전에 생산된다. 따라서 봄철 시비량도 생산량에 맞게 시용되어야 한다. 방목을 위주로 하는 초지에서는 방목축에 의하여 배설되는 분뇨 등이 비료로 환원되기 때문에 예취 위주의 초지는 방목초지에 비해 시비량을 20~30% 많이 시용해야 된다. 유기초지는 화학비료를 시용하지 못하기 때문에 유기퇴비를 적절히 시용하여야 하는데, 봄과 가을에 2회 시용해야 한다.

표 21. 북방형 초지(오차드그라스 위주) 시기별 목초 생산성 (단위: 건물, kg/ha)

처 리	'08	'09	평 균
화학비료구	19,808	18,524	19,166(100)
우분퇴비 50%	17,377	15,299	16,338(86)
우분퇴비 100%	18,982	17,757	18,369(96)
우분퇴비 200%	22,578	17,073	19,825(104)

표 22. 남방형 초지(버뮤다그라스 위주) 시기별 목초 생산성 (단위: 건물, kg/ha)

처 리	1차(6/3)	2차(7/20)	3차(8/20)	4차(9/9)	계
화학비료구	3,098	3,308	3,687	3,497	13,590
우분퇴비 50%	2,878	2,839	1,730	3,522	10,969
우분퇴비 100%	3,246	3,118	1,606	3,110	11,080
우분퇴비 200%	2,780	3,434	1,866	4,341	12,420

목초생산량은 계절에 따라 차이가 있기 때문에 생산량이 많은 봄철에는 방목두수를 증가시키거나 일정 면적에서 건초를 제조하여 효과적으로 이용하여야 하며 여름철이나 가을철에는 생산량이 떨어지기 때문에 방목두수를 조절하여 적정방목을 하여야 한다. 계절별 방목두수는 목초생산량이나 채식상태를 수시로 관찰하여 적정방목이 되도록 해야 한다. 윤환방목일 경우에는 방목구를 4~5개로 분할하여 1목구에서 5~7일 정도 방목한 후 다른 목구로 방목축을 옮기면서 적정방목이 되도록 해야 한다.

표 23. 방목초지에서 소의 적정 방목밀도

구 분	봄 (4월 중하~6월 중하순)	여 름 (7월 초중~9월 초순)	가 을 (9월 중~11월 중하순)
방목두수 (AU/일/ha)	2.0~3.0	1.5~2.0	1.5~2.0

※ 1AU는 체중 500kg 기준

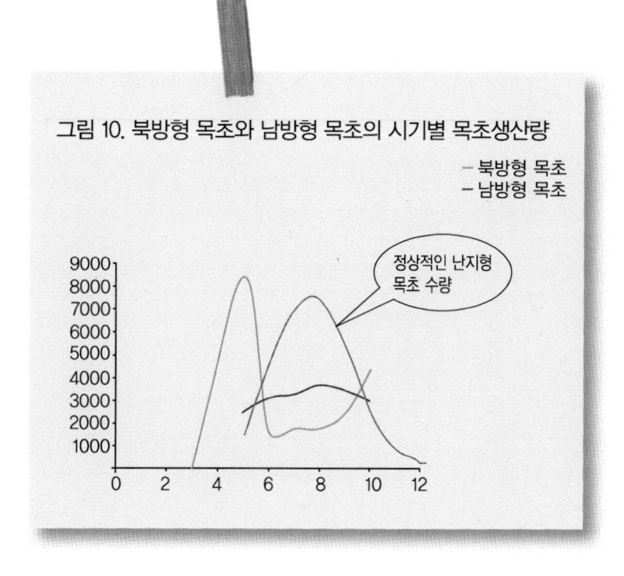

북방형 목초(오차드그라스)는 3월 중하순부터 생육이 시작되어 5~6월에 가장 왕성하고 7~8월에 고온기가 지속되면서 하고현상으로 거의 생육이 정지되었다가 9~10월에 다시 생육하는 양상을 보이며 6월 중순까지 생산량이 연간생산량의 45~50%를 차지한다. 반면, 남방형 목초(버뮤다그라스)의 경우는 5월 초순부터 생육이 시작되어 북방형 목초가 하고현상이 나타나는 시기인 7~8월에 가장 왕성한 생육을 보이고 10월 이후 생육이 정지된다.

그림 11. 북방형 초지의 생육상황

북방형 초지 방목(4월)

북방형 초지 생육상황(7월)

그림 12. 남방형 초지의 생육상황

남방형 초지 생육상황(7월)

남방형 초지 방목(9월)

표 24. 방목한우의 방목률 및 증체량

구 분	1차 방목 (3.25~5.26)		2차 방목 (5.26~6.26)		3차 방목 (6.26~7.27)		4차 방목 (7.27~10.16)		5차 방목 (10.16~11.16)	
	방목률 (Au/ha)	일당 증체량 (kg/두)	방목률 (Au/ha)	일당 증체량 (kg/두)	방목률 (Au/ha)	일당 증체량 (kg/두)	방목률 (Au/ha)	일당 증체량 (kg/두)	방목률 (Au/ha)	일당 증체량 (kg/두)
북방형 초지	3.50	0.53	-	-	3.73	0.15	-	-	3.99	0.43
남방형 초지	-	-	3.70	0.42	-	-	3.91	0.39	-	-

*: 한우 번식우(290~320kg) 공시
**: AU(Aniaml Unit), 체중 500kg
***: 방목 전 기간 농후사료를 급여하지 않았음

그림 13. 남 · 북방형 초지의 생육상황(10월)

남방형 초지 목초 생육상황(10.16)

북방형 초지 방목(10.16)

여름철 고온기인 7월 하순부터 10월 중순까지 남방형 초지에 방목하여 북방형 초지의 목초를 비축(Stockpiling)하면 10월 중순 비축된 목초량은 6,000~7,000kg/ha 정도이고, 남방형 목초가 생육이 정지되는 시기인 10월 이후 적정 방목을 할 경우 12월까지도 방목 이용이 가능하다.

3. 사료작물 재배 이용

사료작물은 초지에 비해 단기간에 재배되어 높은 생산량을 올릴 수 있다. 그러나 경운이 가능한 토지가 확보되어야 하고 매번 토양을 갈아엎어 파종하는 번거로움이 따른다. 일반적으로 동계작물과 하계작물로 나누어 재배되며 청예(풋베기), 방목, 사일리지, 건초 등으로 이용된다.

제주지역에서 동계 사료작물의 건물생산성은 2회 예취가 가능한 이탈리안 라이그라스가 최대 21~25톤/ha, 귀리가 21~22톤/ha 정도이고 청보리나 밀은 13~15톤/ha으로 이용목적에 따라 작물을 다양하게 선택하여 이용할 수 있는 강점이 있다.

표 25. 제주지역에서 동계사료작물의 생산성

구 분	품 종	수량(kg/ha)		
		생 초	건 물	TDN
청보리	영 양	56,953	15,543	10,183
	유 연	45,926	13,892	9,544
귀 리	삼 한	77,778	22,556	17,730
	스 완	78,704	21,152	13,536
밀	금 강	46,741	15,201	10,509
	우 리	45,333	14,815	10,188
트리트케일	신 영	72,963	20,298	13,018
이탈리안 라이그라스*	화산 101	128,667	25,951	17,066
	플로리다-80	105,406	21,262	13,929

*: 이탈리안 라이그라스는 2회 예취 수량

출처: 박 등('08)

✚ 이탈리안 라이그라스

이탈리안 라이그라스는 동계 사료작물로서 많이 이용되는 초종 중의 하나이다. 너무 습하거나 척박한 지역에서는 좋은 생육을 기대할 수 없다. 이탈리안 라이그라스의 파종시기는 9월 초 · 중순이 적기이며 파종시기가 늦으면 발아율이 떨어지고 겨울철 동해를 받기 쉽다. 파종량은 ha당 30~40kg 정도이고 가축분뇨 퇴비를 20톤 정도 시용할 경우 생산량은 훨씬 증가된다. 이듬해 초봄에 퇴액비를 시용하고 5월경에 1차 수확 후 하계작물 파종 시까지 방목이용이 가능하다.

이탈리안 라이그라스가 9월 초 · 중순 적기에 파종되면 11월 초 · 중순에 방목이용이 가능하다. 그러나 너무 강방목하면 재생이 불량하여 겨울에 동해를 입기 쉬우므로 가벼운 방목을 하여 목초에 피해가 없도록 해야 한다. 이듬해 초봄에 적정량의 발효우분퇴비나 액비를 시용하여 4월 초 · 중순부터 방목을 하거나 5월 중 · 하순에는 건초 또는 사일리지를 제조할 수 있다.

그림 14. 이탈리안 라이그라스의 생육 및 방목이용

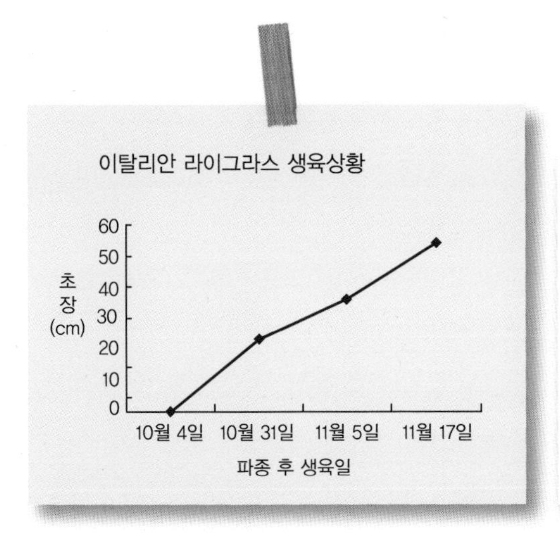

✚ 수수교잡종

여름철 사료작물로 제주지역과 같이 바람이 많은 지역에서는 수수교잡종이 바람 피해가 적어 널리 재배 이용되고 있다. 수수교잡종은 동계작물 수확 후 여름작물로 재배되며 비옥한 토양에서 잘 자라고 옥수수보다 가뭄에 견디는 힘이 강하다. 파종시기는 5월 하순이나 6월 초순이며 빠를수록 좋으나 6월 중순까지는 파종이 완료되어야 한다. ha당 파종량은 조파할 경우에는 30~40kg이며 흝어뿌림 시에는 50~60kg이다. 파종 시 돈분액비를 기비로 이용할 수 있으며 시용량은 질소를 기준하여 ha당 100kg 정도를 시용한다. 액비 내에 질소가 0.5% 함유일 경우, 20톤을 시용하면 질소 100kg에 해당한다. 시용방법은 경운 후에 전면적에 골고루 시용한 후 경운 후 파종한다.

수수교잡종은 일부 청예로 이용되지만 대부분 사일리지로 제조된다.

그림 15. 수수교잡종의 비료 시용구

화학비료 시용구

돈분액비 시용구

Part 04

•

질병관리

Ⅰ. 질병과 방역

1. 질병의 정의

동물은 그들을 둘러싸고 있는 환경에 의하여 영향을 받으며, 여러 가지 환경변화에 대해 적절한 반응을 나타내며 신체의 평형을 유지하고 있다. 이처럼 여러 가지 환경변화에 대한 정상적인 반응을 나타내는 것이 건강체이다.

질병이란 동물이 내적 · 외적인 환경변화에 더 이상 평형상태를 유지할 수 없는 상태, 즉 영양이나 환경요건은 대체로 적당한 수준으로 주어졌음에도 불구하고 동물체의 생리기능이 정상수준으로 작용하지 못하고 있는 상태를 말한다.

그림 1. 유기낙농목장 전경(국외)

그림 2. 국내 및 국외 유기양돈목장

2. 방역의 정의

방역은 질병예방으로 농장 내 질병을 일으키는 원인체를 차단하는 것을 말한다. 수많은 차단방법들이 있지만 농장을 질병으로부터 안전하게 지키고자 하는 농장주의 의지가 가장 중요하다. 질병의 주 전파방법은 감염된 가축의 농장 간 이동이고, 야생동물, 공기 또는 다른 매개체에 의해 전파된다. 구제역과 같은 질병은 전파속도가 매우 빠르며 사람이나 기구 등으로 전파되기에 철저한 방역이 필요하다.

기본적인 방역수단은 오염된 기구, 의복, 신발과 기구를 통한 전파를 최소화하는 것이다. 아울러 1) 가축이 거주하는 지역으로 사람, 차량과 기구의 이동을 최소화하고, 2) 동물과 직접적인 접촉이 있는 장소는 소독과 방역복을 갖추어야 한다.

국내에서 사육하고 있는 유기가축이라고 해도 일반농장의 전염성질병과 같이 질병에 노출될 수 있다. 그러므로 가축의 구매와 판매, 이동, 외부인 방문에 대해 적합한 방역수단을 갖추어야 한다. 다음은 일반적인 반추동물 농장에서 지켜야 할 방역 방법들이다.

- 농장 내 축군은 폐쇄적으로 운영한다.
- 구입한 모든 가축은 4주 동안 격리한다.
- 질병 상태를 아는 농장으로부터 가축을 구매한다.
- 농장 방문자의 가축 접촉을 금지한다.
- 공공보도 이용자의 가축 접촉을 금지한다.
- 공공도로를 사용한 사람과 차량의 진입을 금지한다.
- 필수방문자(수의사, 수정사 등)에 대한 엄격한 소독수단을 적용시킨다.
- 이웃 농장 가축과 접촉을 금지한다.
- 가축에게 오염된 표층수를 섭취시키지 않는다.
- 야생동물, 해충, 애완동물이 가축과 사료에 접근하는 것을 최소화한다.
- 구매 시 및 정기적인 질병검진을 실시 한다.
- 예방접종을 실시한다.

그림 3. 유기목장 입구의 안내문 및 차단방역시설

Ⅱ. 유기축산에서의 질병관리 및 대처

1. 우리나라 유기축산에서 규정하고 있는 가축의 질병관리요령

유기축산물 생산자(축주)는 다양한 먹이를 통한 건강유지와 질병발생 및 확산방지를 위한 사육장 위생관리 그리고 동물용 생물제제, 비타민, 무기물 급여를 통한 면역기능 증진과 지역적으로 발생하는 질병이나 기생충에 저항력 있는 종 · 품종의 선택을 통하여 질병을 예방토록 하고 있다. 그러나 가축의 질병예방을 위하여 최소한도의 구충제와 예방백신 사용은 허용되고 있으며, 생산자는 법정가축전염병[3]의 발생이 우려되거나 긴급한 방역조치가 필요할 경우 우선적으로 필요한 질병예방 조치를 취할 수 있도록 하고 있다.

또한, 축주는 앞의 방법에 의한 예방관리에도 불구하고 질병이 발생할 경우 수의사의 처방에 의하여 질병을 치료할 수 있다. 단, 동물용의 약품을 사용한 가축을 유기축산물로 판매하고자 하는 경우에는 해당 약품 휴약기간의 2배(외국의 경우 30일)가 지나서 출하하도록 되어 있으

3 Official Diseases of Domestic Animals [法定家畜傳染病]: 법률로 지정된 가축의 전염병. 가축, 가금의 전염병(원충성 전염병 포함) 발생을 예방하여 질병의 만연 방지와축산 진흥을 시도할 것을 목적으로 정부에서는 가축전염예방법(공포일 2002.12.26.)을 제정하였다. 가축전염병에는 제1종가축전염병과 제2종 가축전염병이 있다. 제1종에는 우역(牛疫), 우폐역(牛肺疫), 구제역(口蹄疫), 가성우역(假性牛疫), 불루텅병, 리프트계곡열, 림프스킨병, 양우(羊痘), 수포성 구내염(水疱性口內炎), 아프리카마역(馬疫), 아프리카돼지콜레라, 돼지콜레라, 돼지수포성 뉴켓슬병, 고병원성 가금인플루엔자 등이있다. 제2종에는 탄저, 기종저, 브루셀라병, 결핵병, 요네병,소해면상뇌증, 소유행열, 돼지일본뇌염, 스크레피비저(鼻疽), 말전염동맥병, 구역, 말전염성 자궁염, 동부말뇌염, 서부말뇌염, 베네주엘라말뇌염, 가금티프스, 가금콜레라, 닭아이코플라스마병, 조병원성 가금인플루엔자, 광견병, 부저병(腐 病)이 있다. 그 밖에 이에 준하는 질병으로는 농림부령이 정하는 가축의 전염병질병이 있다. (출처: 네이버 지식사전 생명과학 분야)

며, 약초 및 미량물질을 이용한 치료는 허용하고 있다. 그러나 동물용 의약품을 질병이 없는데도 정기적으로 투여하는 것과 생산성 촉진을 위해서 성장촉진제 및 호르몬제를 사용하는 것은 금지하고 있다. 다만 호르몬제 사용은 치료를 목적으로 수의사의 관리하에서 사용할 수 있도록 하고 있으며, 가축이 질병으로 인해 고통을 받는 경우에는 동물의 복지를 고려하여 생산물이 유기적 성격을 잃게 되더라도 곧바로 치료를 실시해야 한다.

기타 가축에 있어 꼬리 부분에 접착밴드 붙이기, 꼬리 자르기, 이빨 자르기, 부리 자르기 및 뿔 자르기와 같은 행위는 유기축산체계에서는 금지하고 있다. 그러나 안전(어린 가축에 대한 뿔 자르기)을 목적으로 하거나 가축의 건강과 복지개선을 위해 필요하다면 표시인증기관이 인정한 경우에 한하여 허용되며, 마취를 실시하여 고통을 최소화하도록 한다. 또한 생산물의 품질향상과 전통적인 생산방법의 유지를 위해 물리적인 거세는 허용되고 있다.

2. 유기축산의 질병·위생 관리방안

유기 축산에서 사양관리의 중요한 목적은 건강한 가축을 지속적으로 유지시키는 것이다. 유기축산을 실행하는 체계에서 특정부분의 관리방법이 잘못되었거나 질병이나 외상 등의 문제가 발생했을 때 축주는 가축이 쾌적하고 안락한 상태에서 조기에 회복되도록 즉시 조치를 취해야 한다. 이것을 위해서는 질병을 조기에 발견하는 것이 매우 중요하며, 축주는 자기목장의 가축에 대하여 잘 파악하고 있어야 한다. 만약 반복적으로 가축의 건강에 문제가 발생할 경우는 사양관리체계에 문제가 있다는 것을 나타낸다. 예를 들자면, 환기 불량에 의해 호흡기질환이 많이 발생되는 것과 같은 문제는 근원적인 원인을 점검하고 보정해야 한다는 것이다.

또한 유기축산은 질병치료 경력, 사용된 약제 그리고 각종 처치에 대하여 철저한 기록유지를 요구한다. 따라서 모든 처치에 대한 기록을 잘 남겨두어야 한다. 잘 남겨진 기록은 유기축산에서의 증명뿐만 아니라 질병의 원인에 접근할 수 있게 하고, 추후 특정 질병에 대하여 새롭게 인식할 수 있도록 도와주고 각종 문제점을 파악하게 되어 새로운 것을 알게끔 도와준다.

캐나다에서는 유기축산을 실행하는 축주에게 항생제, 살충제, 구충제, 백신, 축체살포제 및 미네랄보충제 등의 사용을 하지 않기 위해서 다음과 같은 질병위생관리를 실시하도록 권고하고 있다.

- 축주는 목장 가축의 질병원인이 "비병원성일 것이다, 기후에 기인한 것이다, 목장의 정책에 의한 것이다, 법에 의한 것이었다 또는 진단의 잘못이다" 등과 같은 관념과 생각들을 바꾸도록 해야 한다. 이런 의식전환은 고정관념에 의한 아집을 방지하고 기술 및 환경 변화에 쉽게 적응할 수 있게 한다.
- 가축은 공기 중 먼지가 많은 곳, 바닥이 진창인 곳, 매우 춥거나 더운 장소 등 열악한 환경을 피하여 쾌적한 장소에서 사육해야 한다. 이렇게 함으로써 동물에 가해지는 각종 스트레스와 면역기능의 저하를 방지하게 된다.
- 가축에 급여하는 물은 축주들이 먹을 수 있는 양질의 물을 급여해야 한다. 특히 퇴비의 오수가 유입된 물, 냄새가 나는 물은 가축의 물 섭취를 방해한다. 양질의 물 급여는 탈수방지, 호흡기 및 소화

기질환에 관여하는 병원균의 감염과 확산을 방지하는 매우 좋은 수단이 된다.

- 가축이 사료를 먹지 못하여 기아상태에 빠지거나 반대로 과식하지 않도록 주위를 기울여야 한다. 사료는 일일 체중의 2%를 급여하는데 체중이 450kg 이상일 경우 건물로 9~10kg을 급여한다. 성우는 급여사료 중 단백질 함량이 최소 8%가 되게 급여하고, 12개월령 이하의 어린 가축에게는 24%가 되게 한다. 만약 방목을 한다면 최소한 8시간 이상 방목을 실시해야만 면역계통의 기능저하와 분만 시 난산을 예방할 수 있다.
- 사료의 잦은 변경으로 미네랄이 불균형 상태가 되지 않도록 한다. 만약 방목을 실시할 경우 초장의 반 정도를 먹게 되면 방목지를 이동시켜 주어야 한다. 이러한 조치로 제엽(부제병), 전염성 결막염(핑크아이) 및 폐렴 등을 예방할 수 있다.
- 축사 내부는 주기적인 제분 작업을 통하여 분변이 없는 쾌적한 상태로 만들어 주며, 방목 시 가축은 분변의 양이 적은 목초지 또는 오염이 덜한 곳에서 방목한다. 그리고 분변 등으로 오염된 건초를 장기간 급여하는 것을 금지해야 한다. 이것은 내부기생충과 콕시듐(Coccidium) 감염 예방, 설사와 전염성 결막염 예방을 위해 매우 중요하다.
- 급격한 사료의 변경 급여는 급성 식체에 기인한 산통(복부 통증), 제1위 과산증, 설사증 및 폐렴 등의 원인이 될 수 있으므로 금지해야 한다. 특히 거친 건초나 영양가가 매우 풍부한 조사료의 급여 또는 높은 에너지 공급을 위해 고단백질 사료를 급여할 때는 매우 주의해야 한다.
- 목장에서 구매하거나 도태하는 모든 가축에 대하여 기록을 철저히

한다. 도태의 경우 질병에 의한 것인가 불임과 같은 번식장애에 의한 것인가 등 기록을 철저히 남겨둔다. 예를 들어 번식장애의 경우에 임신시키기 위한 호르몬의 처리 등의 조치가 요구되어 도태시킨 가축, 비임신(장기공태)으로 도태한 가축에 대한 기록과 목장의 계획에 의해 번식축군으로 편입시킨 가축 등에 대하여 철저히 기록한다. 이것은 앞으로 일어나게 될 생식기 질병을 예방하고 번식에 문제가 있는 가축에 대하여 적절한 치료제를 선택하거나 도태할 것인가를 결정하는 데 도움이 된다. 기타 질병으로 도태한 가축 역시 기록을 철저히 남겨둔다.

- 가축을 이동시킬 때는 사람의 입장에서 이동시키지 않아야 한다. 이동에 의한 스트레스를 방지하기 위해서는 강제로 이동시키지 않으면서 가축과 긴밀한 관계를 유지하며 자연스럽게 이동시키도록 한다. 이것은 가축을 다루는 데 꼭 고려해야 할 사항이다.
- 가축이 매일 충분한 운동을 할 수 있도록 한다. 충분한 운동은 과비를 예방하고 각종 질병에 대한 면역력을 높이는 좋은 방법이다.

Ⅲ. 질병의 조기발견을 위한 가축의 건강 검사

가축은 신체상에 이상이 생기면 외모와 행동에 나타나므로 평소에 세심한 관찰을 하면 조기에 질병을 발견할 수 있다. 질병을 조기에 발견하면 진단과 치료가 용이해지며, 조기치료로 진료비를 절감하고 가축의 생산성을 보다 빨리 회복시킬 수 있다. 병든 가축에서 나타나는 각종 증상은 병원체 및 이물질 등이 정상적으로 작용하고 있는 체내의 여러 기관들의 생리적 기능을 방해함으로써 외부적으로 비정상적인 증상을 나타낸 것이다. 가축의 종류, 연령, 계절, 사사(舍飼: 축사 안에서의 가축사육) 또는 방목, 사육규모, 목적에 따라 사양관리방법은 달라질 수 있다. 각기 다른 여건에서 가축의 일반상태를 관찰할 때의 유의사항은 원기, 식욕, 분변, 외모, 피부, 체온, 호흡, 비경, 눈, 콧물 등의 이상 유무를 빨리 파악하여 이상을 발견하면 빨리 대책을 세워야 한다.

일반적으로 매일 한 번씩 가축을 관찰해야 하는데, 그 주안점은 먼저 축사 안, 운동장 또는 방목지 등에서 잘 무리를 지어 있는지 보면서 따로 떨어져 혼자 있는 소가 있는지를 파악한다. 또 기립 상태의 소는 어떻게 서 있는지 파악한다. 등을 구부리고 있거나 귀를 떨어트리고 있다거나, 어떤 자극에 관심을 보이지 않고 머리를 숙이고 있거나 불안해하거나, 한쪽 다리에 체중을 싣지 않은 경우 이상이 있는 것으로 판단한다.

그림 4. 가축의 건강 점검사항

1. 전신상태

✚ 체온

체온은 송아지(38.5~40.5℃), 육성우(38.5~40.0℃), 성우(38.0~39℃) 순으로 다르며 통상 아침보다 저녁에 0.2~0.5℃ 정도 높다. 발정 중에는 약 0.5℃ 정도 올라가고 심한 운동이나 채식 후에도 일시적으로 오른다. 체온이 상승하면 식욕이 떨어지고 되새김질에 이상이 생기며 호흡수와 맥박수가 증가한다. 귀 · 뿔 등을 만져봐서 뜨겁게 느껴지면 체온이 상승해 있음을 뜻하고, 귀 · 뿔 · 사지의 말단 및 유두 부위에서 싸늘한 감촉을 느끼면 심장쇠약, 식체, 중증 질병 등을 의심해 봐야 한다.

✚ 맥박

안정상태에서 정상동물의 1분간 맥박수는 성우 60~80회, 송아지 100~120회이다. 소에서의 맥박은 안면동맥과 미동맥 그리고 좌측 흉벽을 통한 심장박동을 청진하여 측정한다. 맥박수는 오로지 심장상태에 의해서만 좌우되고 말초혈관계의 변화와는 직접적인 관계가 없다.

✚ 호흡수

안정상태에서의 1분간 호흡수는 성우 10~30회, 송아지 20~50회이며, 호흡수 증가를 호흡 빈번/다호흡, 감소는 호흡 완만/호흡수 감소 그리고 호흡의 완전한 정지는 무호흡이라 한다. 호흡수는 늑골 또는 비공 운동을 관찰하거나, 비공 내 공기 출입의 촉감에 의해서 또는 흉벽이나 기관의 망진에 의해서 측정된다. 호흡수는 환경온도 또는 습도가 높아지면 정상의 2배까지 증가하게 된다.

✚ 반추(되새김 운동)

반추동물에 있어서는 반추와 트림의 이상 유무 관찰은 기본이다. 소와 양의 반추결여는 많은 질병에서 볼 수 있다. 건강한 소의 반추 개시 시간은 식후 30~40분 후이며 1일 총 되새김 시간은 7시간, 되새김 횟수는 1일 10회, 지속시간은 분당 30~40회이다. 반추할 때 신음소리를 내면서 애쓰는 모습은 정상반추가 아닌 식도폐색을 시사하고 반추식괴(새김덩이)의 조절이 되지 않아 식괴가 입 밖으로 떨어지는 것은 인두마비 또는 동통에 기인한다. 트림을 하지 않으면 고창증[4]으로 표현되는 것이 보통이다.

✚ 눈 모양

가축의 눈빛을 보아 건강의 변화를 알 수 있다. 건강한 소의 눈은 티 없이 맑고 서늘해 보이며, 눈꺼풀은 탄력성이 있고, 안구와 눈꺼풀의 운동이 활발하다. 안구가 충혈되거나 눈에 안정성이 없으며, 날카로운 느낌을 보일 때에는 흥분상태에 있음을 짐작할 수 있다. 눈 점막이 허옇게 보이면 영양상태가 불량하거나 빈혈 또는 내부기생충 감염을 의심할 수 있고, 황색이면 황달을 의심할 수 있다. 안구 충혈은 열성전염병, 심장과 폐질환 등이 의심되고, 각막이 혼탁하면 안질환이 의심된다. 안구의 함몰은 탈수가 되었을 때 나타난다.

✚ 코와 비경

비경의 점막은 침샘과 밀접한 관계가 있어 침샘에서 침이 왕성하게 분비되면 비경 점막에서 점액이 많이 분비되어 습윤하다. 건강하지 못

4 제1위에 생산된 가스로 급격히 제1위와 제2위가 팽창하여 소화기능장애를 일으키는 일종의 대사질병(代謝疾病).

한 소는 감각이 둔하고 혀로 비공을 핥아내지 않기 때문에 짙은 콧물이 코끝에 달려 있다. 콧물이 점액성 또는 화농성일 때에는 비강이나 부비강의 염증, 콧물이 백색 또는 포말이 섞여 있을 때는 폐렴으로 의심해 봐야 한다. 투명한 콧물은 비염초기에 많이 나오지만 비염이 진행되면서 콧물은 짙어지고 색깔은 회백색에서 누런 농성점액으로 변한다. 콧물의 양이 많아지고 색깔이 변하면서 악취를 풍기는 것은 상부 호흡기에 염증이 있음을 뜻한다. 일반적으로 비강점막이 손상돼서 생긴 비출혈은 보통 한쪽의 비공에서 출혈이 있고, 기관지 또는 폐의 손상을 일으키는 질병은 양측 비강에서 출혈을 나타내는데 포말이 섞여 있다.

그림 5. 송아지 눈 열상(찢어짐)

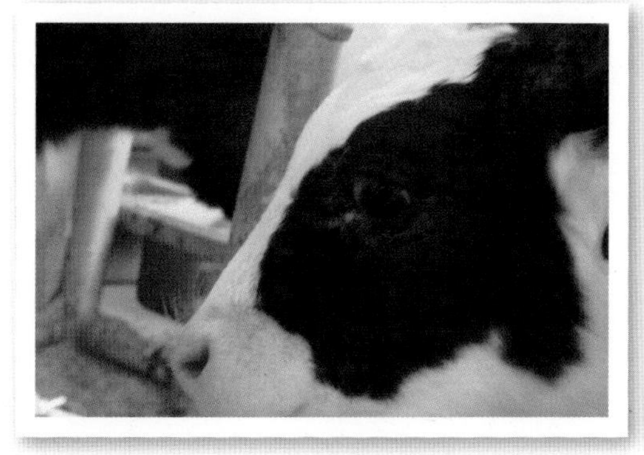

그림 6. 전염성 각결막염(Pink Eye)에 감염된 눈

✚ 피부

피부는 축체의 보호, 감각, 분비 및 체온조절작용 등 중요한 생리작용을 한다. 영양상태가 좋고 건강한 소는 털에서 윤기가 나고 털의 길이가 짧다. 사양관리가 불량하고 영양이 충분하지 못한 소와 만성질병이 있는 소는 털에 광택이 없고 거칠어지며 불결해 보이고 털갈이가 늦어진다. 피부에 국소 급성염증이 생기면 붉은색을 띠게 되며 열감이 있고 통

증을 느끼며, 손가락으로 힘을 주어 누르면 오목하게 함몰된 자리가 한동안 남아 있게 된다. 또한 피부는 피지선으로부터 피지를, 한선으로부터 땀을 분비하고 피지나 땀은 사멸한 피부상피세포, 탈락한 털, 먼지 등과 혼합되어 피구(皮垢, 때)를 형성한다.

그림 7. 피부 내 쇠파리구충(Warble Fly) 감염증

2. 외모와 거동의 이상(정신상태)

✚ 쾌활

물체의 운동이나 소리 등의 외부자극에 정상적으로 반응하면 쾌활한 것이다. 이때의 반응은 자극이 가해지는 쪽으로 머리나 귀를 움직여 주의를 집중하거나, 자극을 피해 걸어가거나, 공격신호를 보낸다.

✚ 우둔

정상적인 자극에 느리게 반응하거나 반응이 억제되어 있으면 우둔하다고 판단한다. 이런 상태는 특정한 질병과 연관되지는 않지만 열성 질

환이나 독혈증[5] 증상에서 나타난다.

✚ 침울

동거 가축과 떨어져 홀로 서 있는 경우가 많고 식욕이 떨어지며, 운동을 할 때는 통증을 느끼나 자극을 해도 움직이는 것을 싫어한다.

✚ 혼수

우둔이 너무 심하게 진전되면 혼수가 되는데, 무의식 상태로 통증이 있는 자극에도 반응하지 않는 것을 혼수라고 하며 소 산욕마비의 말기에 나타난다.

✚ 불안

운동은 정상적으로 하지만 긴장하고 주위에 대한 경계를 나타낸다. 지속적이면서도 약한 통증이 있을 때, 시력이 상실되었을 때, 산욕마비의 초기에 나타난다.

✚ 초조

불안보다 더 심한 상태를 초조라고 한다. 동물은 안절부절못하고 누웠다가 뒹굴고 다시 일어나며 옆을 돌아다보고 배를 발로 차며 신음하고 으르렁거리기도 한다.

✚ 광조(Mania)

강박적인 이상 행동을 나타내는 것을 말한다. 소 케토시스의 초기에

5 Toxemia, Viremia [毒血症]: 혈액 전염병의 일종으로 전신의 피가 세포에서 생기는 독소에 의하여 침해당하는 증세. 대개 고열을 내고 심장 쇠약으로 사망한다.

나타나는 체표의 특정한 부위를 심하게 핥는 증상, 소 뇌막염에서 나타나는 머리를 앞으로 계속해서 미는 증상 그리고 송아지 물 중독에서 나타나는 강제적인 회전운동 또는 장애물을 피하지 않는 직선운동과 아무것이나 깨물고 핥는 증상 등이 모두 여기에 속한다.

✚ 광포(Frenzy)

제어할 수 없는 동물의 운동을 광포라고 하며 가까이 하는 사람이나 다른 동물에게 위험스러운 경우를 말한다. 급성납중독, 저마그네슘혈증성 테타니, 소 케토시스, 광견병에서 나타난다.

3. 섭식 이상

✚ 채식, 연하, 저작의 장애

구강, 인도, 식도에 이르는 상부소화관에 염증, 폐색 또는 마비가 있음을 나타낸다.

✚ 구토

과식, 위 점막의 염증 또는 인두나 식도 내 이물이 있을 경우이며 구토가 심하면 토물이 기관지로 들어가서 이물성 폐렴이 될 수 있다.

✚ 유연(침흘림)

침을 많이 흘리는 것은 구강이나 인도 내의 이물, 구강점막의 염증 또는 중독증일 경우에 일어난다.

✚ 반추정지

반추는 사료 및 건초 등을 섭취하여 1위에 저장하고 이것을 다시 되새김하여 2위로 보내는 섭취물 소화 과정이다. 건강한 소는 앉아 있거나 서 있을 때 지속적으로 되새김하는데 그렇지 못하는 경우를 말한다.

4. 배분 이상

✚ 설사

장의 운동(연동)이 항진될 때에는 장 내용물이 신속하게 배설되므로 이와 같은 상태에서는 분의 수분함량이 많아지고 배분량 및 횟수가 늘어나는데 소화기에 이상이 있을 경우에 일어난다.

✚ 변비

장의 운동이 감소될 때에는 내용물의 정체시간이 길어져 수분의 흡수가 많아지므로 분은 단단해지고 배분량이 적어지는데, 전신 허약, 섬유질 부족, 대장기능 불완전, 폐색, 장 마비 등에 의해 일어난다.

✚ 혈변

소화관 내 출혈이 생기는 경우 분에 혈액이 섞여 나온다. 식도, 위, 소장 등 상부 소화기관의 출혈에 기인한 것은 흑갈색이며 맹장, 결장, 직장 등의 하부 소화기관 내 출혈이 생길 때는 붉은색을 띤다.

✚ 복통

소화관의 기능손상으로 복부에 통증이 일어나면 자세 및 거동에 이상을 보인다. 뒷다리를 벌리고 서서 등을 아래로 구부리는 자세, 등을 위로 올리는 자세, 등을 구부리고 사지를 배 아래로 모아 딛고 서 있는 자세를 보이며, 보행 및 누울 때 신음 소리를 낸다.

✚ 복부팽창

소화관 내에 가스의 축적에 기인하는 복부팽창은 고창증과 제4위 전위증을 의심할 수 있다.

5. 배뇨 이상

✚ 배뇨곤란

방광염, 요도결석증일 때는 요도 내 자극 또는 협착이 나타나며 요를 소량으로 자주 배설하고 배뇨 후에도 계속 배뇨자세를 취하며 배뇨 시에 통증을 나타낸다.

✚ 요독증

혈액 내에 요소가 정체됨으로써 일어나는 중독증으로 요도가 폐색되어 요가 재흡수 될 경우에 일어난다. 소의 몸에서 암모니아 냄새가 난다.

✚ 혈뇨

중증의 신장염, 방광 및 요도의 염증 때문에 생긴다. 3개의 컵에 오줌을 차례로 받아서 첫째 컵에 혈액이 많을 때는 요도의 병변, 셋째 컵에 많을 때는 방광의 병변, 3개의 컵이 같은 정도를 나타낼 때는 신장의 병변으로 의심한다.

✚ 농뇨

요 내에 농덩어리가 보이는 것은 신우나 방광에 화농성 염증이 있음을 의미한다.

6. 걸음걸이 이상

✚ 파행

다리의 관절, 근육, 발에 통증이 있거나 신경이 마비될 때는 보폭이 좁아지고 절뚝거린다.

✚ 보양창랑

체중의 평행을 유지하지 못하고 마치 술에 취한 것처럼 비틀거리는 것으로 주로 뇌에 질병이 있을 때에 나타난다.

✚ 원운동

뇌 질병으로 머리가 기울어질 때에는 원을 그리면서 운동을 한다. 리스테리아병(Listeriosis)의 특징적인 증상이다.

그림 8. 젖소 파행 모습

그림 9. 비절(飛節: Hock joint; 무릎 아래 관절) 종대(체액 등으로 국소부위가 부어오르는 것)로 인한 여윔

그림 10. 우측 대퇴부 봉와직염(Cellulitis)

7. 영양 상태

✚ 정상

병이 없어서 상태가 양호한 동물은 근육이 골격을 덮고 있어 외관상 둥글게 보인다.

✚ 야윔

야윈 동물은 늑골이나 둔부의 골격이 쉽게 만져지지만 생리적으로는 정상이다.

✚ 수척

야윔과 수척은 정도의 차이이다. 수척한 동물은 피모가 거칠고 건조하며 피부의 탄력이 줄어들어 마치 가죽을 만지는 느낌이 있고, 점막은 창백하고 물기가 많다. 수척은 질병의 증상이다. 수척의 원인은 여러 가지여서 수많은 가능성을 고려해야 한다.

✚ 비만

수척의 반대는 체지방이 과도하게 축적되는 것이다. 이 상태가 지나쳐 호흡이나 보행이 곤란해지면 비만이라고 부른다.

8. 호흡 이상

✚ 호흡곤란

숨을 마실 때의 호흡곤란은 상부기도의 폐색 또는 협착 시에 일어난다. 숨을 내뿜을 때의 호흡곤란은 만성폐기종 등에서 일어난다.

✚ 기침

인두, 후두, 기관, 기관지 및 세기관지의 점막 자극이 있을 때 자극 이물을 배출하기 위해서 반사적으로 일어나는 강한 호식운동으로, 기침이 있을 때는 상부기도 또는 폐의 염증을 의심할 수 있다.

✚ 비루

콧물이 점액성 또는 화농성일 때는 비강이나 부비강의 염증, 콧물이 백색 또는 포말이 섞여 있을 때는 폐렴으로 의심한다.

✚ 비출혈

일반적으로 비강점막의 손상에서 기인한 비출혈은 보통 한쪽 비공에서 혈액이 보이고, 기관지 또는 폐의 손상을 일으키는 질병은 양측 비강에서 출혈을 나타내는데 포말이 섞여 있다.

그림 11. 송아지의 화농성 비루 및 성우의 비출혈

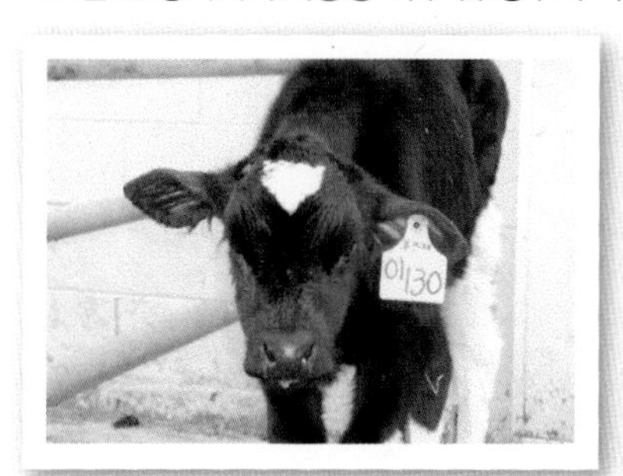

Ⅳ. 젖소의 질병예방관리

1. 사육단계별 주요 질병 및 위생관리

✚ 신생 송아지(분만 시부터 이유 시까지)

초유 내 면역글로불린 수준을 평가(비중계 이용: 비중 1.047 이상)하여, 신생 송아지에게는 충분한 초유를 급여한다. 초유 급여는 분만 직후 가능한 빠른 시간 내에 하는데 늦어도 6시간 이내에 체중의 8% 정도를 여러 번 나누어 급여한다. 만약 산전유방염 등으로 초유의 급여가 불가능할 경우를 대비해, 양질의 초유를 미리 받아두어 냉동 보관한다. 보관할 초유는 가능한 3~5세의 경산우로부터 얻는다. 초유 급여 후 송아지는 최소한 48시간 후에 혈청 면역글로불린 수준을 측정해서 수동면역상태를 확인한다. 신생 송아지의 제대관리를 철저히 하며 태변 배설 확인 및 선천적 결함에 대한 검사를 한다. 이 시기에는 급성설사(대장균, 코로나바이러스, 로타바이러스, 크립토스포리디움 등이 원인), 제정맥염 및 전염성 관절염 등이 많이 발생한다. 따라서 질병예방을 목적으로 필요에 따라 분만 시 면역글로불린 등을 투여하여 면역력을 증가시킨다.

그림 12. 산전(분만 전) 급성유방염에 걸린 어미소 및 유방 사진

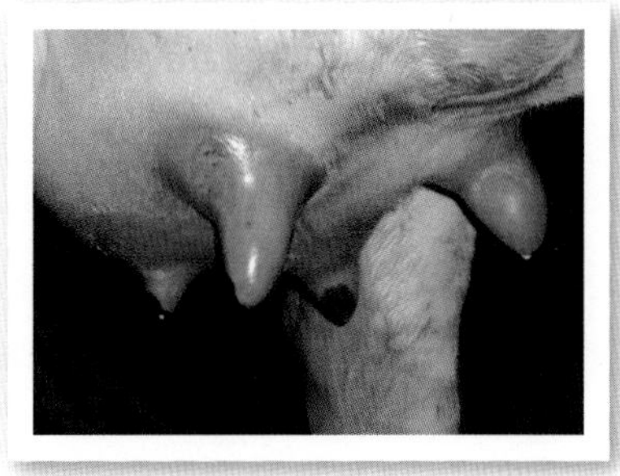

✚ 이유 시부터 6개월령 송아지

앞서 언급한 바와 같이, 유기축산에서는 가능한 예방접종을 안 하는 것을 원칙으로 하고 있다. 그러나 목장에서 육성우에서 가장 문제가 될 수 있는 전염성비기관염(Infectious Bovine Rhinotracheitis: IBR), 바이러스성 설사(Bovine Viral Diarrhea: BVD), 유행성 폐렴(Parainfluenza-3: PI3) 및 합포체성 폐렴(Bovine Respiratory Syncytial Virus Infection: BRS)에 대해서는 예방접종을 고려한다. 내 · 외부 기생충 구제와 함께 링웜 예방을 실시하는데 최소한으로 한다. 이 시기

에는 폐렴 및 장염이 많이 발생하므로, 스트레스가 될 만한 각종 원인을 제거하고 면역력을 증가시킬 수 있는 적절한 사양관리를 실행한다.

그림 13. 유기목장 송아지 관리사 전경

✚ 6개월령부터 12개월령 육성우

이 시기에는 창상성 제2위염을 예방하기 위하여 자석을 급여한다. 바이러스성 설사(BVD), 콕시듐증, 폐렴, 기생충성 장염, 링웜 및 송아지 디프테리아(괴사성 위염) 등이 많이 발생하는 시기이다.

그림 14. 젖소 송아지 장염

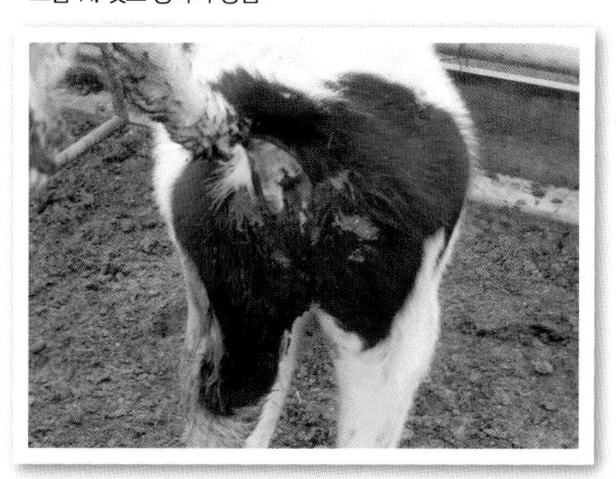

✚ 임신우 또는 처녀우(건유기 동안)

목장에서 신생 송아지의 병원성 설사증이 문제가 되는 경우에는 설사증 예방접종(대장균, 코로나바이러스, 로타바이러스)을 실시한다. 그러나 우선적으로 사육환경의 개선과 함께 면역능력을 향상시키는 사양관리에 중점을 두어야 한다. 또한 건유기 동안 지방간 증후군 등을 예방을 위해 과비되지 않도록 주의한다.

✚ 분만 전 · 후 임신우(분만 1주일 전 또는 분만 직후)

사료변경에 따른 단순성 소화불량증에 의한 식욕부진과 난산, 후산정체, 패혈성 자궁염, 급성유방염, 기립불능 증후군, 유방부종, 산욕마비, 제4위 좌방전위 및 제4위 궤양 등이 많이 발생한다. 사료의 급변을 피하고 건유기 중 적절한 사양관리를 실시한다.

그림 15. 젖소 난산 처리 및 괴저성 유방염

✚ 비유 초기(분만 후 1개월)

분만 후 발정재귀 지연 및 저수태우를 점검하여 차기 임신을 위하여 적절한 조치를 취한다. 원발성 아세톤혈증, 저마그네슘혈증, 산욕성 혈색소뇨증, 제4위 우방전위, 맹장 확장 및 유방염이 주로 생길 수 있는 질병이다.

그림 16. 유방습진

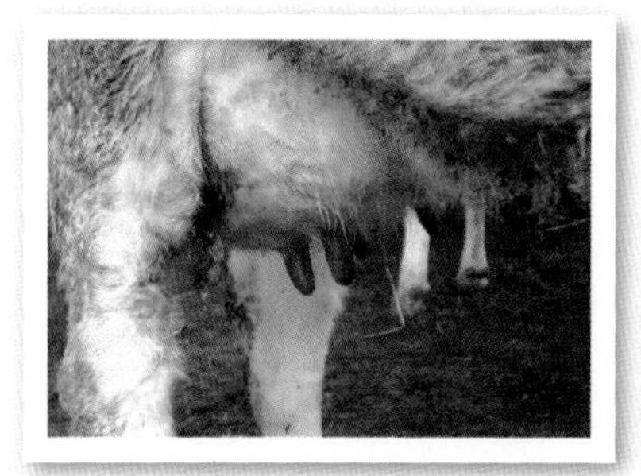

그림 17. 요네병(Johne's Disease; Paratuberculosis)으로 인한 심한 설사 및 여윔

✚ 비유기(착유기)

임신진단 실시와 발정재귀 지연 및 저수태우(번식 관련) 등 대한 검진 및 관리를 실시한다. 에너지, 단백질, 미네랄 등을 충분히 급여하여 우유생산에 따른 영양소의 불균형 발생을 예방한다.

Ⅴ. 유기축산에서 내부기생충 구제 및 예방

내부기생충의 감염은 모든 가축에서 발생하며 감염의 정도에 따라 증체율 감소가 발생되고 최악의 경우 죽게 된다. 유기축산농가에서 기생충 구제방법은 소의 건강이나 능력에 영향을 미치지 않는 적은 수의 기생충이 체내에 존재하게 하는 생산체계를 개발하는 것에 목적이 있다. 기생충 감염 방제는 간단한 문제는 아니지만 기생충에 노출되는 것을 최소화하고 면역력을 증가시키는 전략은 최선의 결과를 가져올 것이다.

일반적으로 기생충 감염은 충란에 의해서, 즉 충란을 섭취함으로써 이루어지는 것으로 생각하기 쉬운데 이는 극히 몇 종류(예: 콕시듐)에 제한되고 있으며 주로 적당한 조건에서(기온, 습도) 부화 발육하여 감염기 유충에 도달하거나 중간숙주(예: 간질충-패류)에서 발육하여 섭식함으로써 감염된다. 온도와 습도는 기생충의 유충이 성장하는 데 가장 중요한 요인이다. 습도가 높은 봄과 가을에 알과 유충이 빨리 자라게 되며, 비가 많이 오는 지역이나 물을 대는 목초지는 대부분 기생충이 있다. 갈색위충(*Ostertagia circumcincta*)의 충란은 건기 시 몇 달 동안 휴지상태(휴면상태)로 있다가 비가 오면 부화한다. 평균적으로 대기온도가 10도 이하일 때 충란과 유충의 성장이 멈춘다. 일반적으로 기생충이 동물에 감염된 후 기생충 종류에 다라 다르지만 대개 1~5주 후에 분변에서 충란이 처음으로 발견된다.

소에 감염되는 기생충은 다양하며 기생충에 중감염된 소의 일반적인 증상으로 위장내선충류의 경우 빈혈, 아래턱의 종창, 증체량 감소, 설사 그리고 체중감소가 있으며, 폐충의 경우 폐렴을 일으키고, 점액성 비루, 호흡곤란 및 기침 등의 증상을 나타낸다.

1. 기생충 예방

내부기생충이 심해졌다면 사양관리의 변화가 필요함을 나타낸다. 동물의 면역력을 높이고 기생충 감염 단계에서의 노출을 줄이는 데 노력하면 일반적인 구충제를 투여하지 않을 수 있다. 기생충에 면역력이 생기면, 이후 기생충에 감염되더라도 가축 체내에서 다음 단계로 진행되는 것을 자체적으로 제한한다. 즉 기생충에 대한 내성이 있는 가축은 감염에도 불구하고 좋은 생산력을 유지하는 능력을 발휘하게 되는 것이다. 기생충에 대한 감수성은 연령과 몸무게가 중요한 결정요인이 된다. 어린 동물이 목장에서 보내는 첫해에는 기생충에 대한 감수성이 매우 높다. 둘째 해부터 부분적인 면역력을 갖게 되어 겉으로는 건강해 보일지라도 체외로 기생충란을 많이 배출한다. 성축의 경우 환경이 매우 나쁘지 않는 한 감수성이 낮다. 그러나 최근에 병에 걸렸거나 식이결핍으로 동물의 건강상태가 나빠졌을 경우에는 역시 큰 위험요인이 된다.

영양은 기생충에 저항하는 능력의 중요한 인자이다. 식이요법 즉, 비타민, 미네랄과 기생충 감수성은 밀접하게 연관되어 있다. 특히 코발트와 구리가 부족할 때는 기생충 감염에 따른 감수성이 증가된다. 기생충 감염에 대한 저항력을 높이기 위해서는 비타민A, D 그리고 B 복합체의 급여가 필요하다. 철분 공급은 동물이 혈액을 손실하는 기생충이 위장 내에 감염되었을 경우 중요하다. 유기방목지 또는 사료포에 살포하는 거름을 만들기 위한 가축 분변의 퇴비화는 기생충란으로 오염되지 않은 거름을 만들기 위한 좋은 방법이다. 선충류의 유충과 알은 32~34℃보다 낮은 온도에서 사멸되며, 50℃에서 1시간, 44℃에서 4시간 이내에 사멸된다. 따라서 퇴비를 교반할 경우, 온도가 낮은 바깥층이 퇴비 무더기 안쪽으로 가도록 섞어 주면 좋다. 또한 퇴비과정에서 거름 더미 표면과 중심부의 온도를 기생충이 죽을 만큼 충분히 높게 유지시키는 것이 중요하다.

유기축산의 기본은 충분한 면적의 방목지에서 가축을 방목하여 사육하는 것이다. 가축의 방목할 때 발생할 수 있는 기생충 감염을 예방하기 위해서는 다양한 방법이 있다. 우선, 방목 중인 가축의 밀도를 적정하게 유지해야 한다. 방목두수가 단위 구획당 적정두수의 2배일 경우 동물의 기생충 감염은 4배 많아진다. 집약적인 방목을 실시할 경우 다양한 크기로 목초지를 나누어서 윤환방목을 실시한다. 또한 방목 시 초장의 길이가 약 10cm 정도일 때 이동을 시키면 기생충 감염을 줄일 수 있다. 대부분의 감염기 유충의 약 80%가 풀의 5cm 높이에 있기 때문에 감염된 목초지에서 땅으로부터 10cm 이상에서 풀을 뜯게 하면 감염 위험이 줄어든다. 방목시간 역시 방목지에서의 기생충 감염과 밀접한 관계가 있다. 거의 모든 기생충유충은 날이 흐리거나 해가 뜰 때 그리고 해가 질 때처럼 빛이 약할 때 풀의 꼭대기로 움직인다. 유충은 강한 빛을 피하므로 태양이 강할 때 방목을 하는 것도 감염 발생을 줄일 수 있다.

2. 구충제 투여시기

다양한 노력에도 불구하고 생산능력이 저하되거나 하여 기생충 감염이 의심되면 부득이 구충제를 투여해야 한다. 구충제를 투여하기 전에 가능하면 분변검사를 해서 감염 기생충의 종류 그리고 감염 정도(중감염, 경감염)를 파악하는 것이 구충제 투여방법과 시기를 결정하는 데 도움이 된다. 일반적으로 구충체 투여 시기는 방목 개시 3주 후에 하는데 가축의 몸속에서 감염된 유충이 성충으로 성장하여 알을 생산하기 전이다. 두 번째 투여는 첫 번째 투여로부터 3주 후에 실시한다. 건조하거나 추운 날씨에 구충제를 투여함으로써, 방목지의 오염을 예방할 수 있는 여건을 만들 수 있다.아울러 기생충 감염을 예방하기 위해서는 농장실정에 맞게 축사 내 · 외부를 청결하게 하며 오염된 사료, 물, 깔짚 등에 의한 기생충 전파를 막아주어야 한다. 식물(생약) 등의 대체방법을 구충제로서 적용하였을 때는 주로 감염을 예방하기 위한 방법으로 정기적 또는 계절별로 초기에 며칠 동안 식물성 구충제를 투여해 준다. 일반적으로 사사 위주의 관리를 하는 경우와 계절별 구충제 투여 시기는 다음과 같다.

- **봄철 구충**: 체내에서 휴식하고 있던 성충이 활성화 되어 충란을 배설하는 시기이다.
- **여름철 구충**: 기후와 환경조건이 기생충란의 부화 및 발육에 가장 좋은 시기로 기생충 감염이 가장 활발한 시기에 실시한다.
- **가을철 구충**: 실질적으로 기생충유충이 숙주 체내에서 이행하는 시기로 피해가 가장 심한 시기에 실시한다.
- **겨울철 구충**: 숙주 체내에서 잠복하고 있는 기생충을 구제함으로써 봄철 방목지의 오염을 방지한다.

3. 구충제 투여방법

모든 기생충 구충제는 먼저 천연 구충제를 사용하는 것을 우선시하여야 하며 포유 중인 어린 가축을 제외하고 금식이 필요하다. 일반적으로 가축은 구충제 투여 전 12~48시간 동안과 투여 후 6시간 동안 사료 급여를 중단하는데, 착유 중인 젖소는 금식보다는 사일리지나 농후사료의 급여는 중지하고 건초를 적당량 가볍게 급여하는 것이 오히려 더 바람직하다. 구충제 투여 후에는 설사를 유발하는 사료 혹은 사하제를 투여하면 효과가 있다. 액상 구충제는 동물이 잘 먹지 않기 때문에 투약기 등을 이용하여 투여한다.

4. 유기축산에서 사용할 수 있는 식물성 구충제 종류 및 투여방법

여기서는 캐나다 유기축산에서 소개된 식물성 구충제 종류와 사용방법을 몇 가지 소개한다.

✚ 마늘

마늘은 회충과 폐충을 포함하는 여러 종류의 기생충에서 강력하게 작용하는 일반적인 식물성 구충제이다. 마늘은 충란이 유충으로 자라는 것을 막는데, 통상 치료보다는 예방용으로 사용된다. 마늘의 많은 치료 성분들 중 기생충에 대한 치료는 주로 높은 황(Sulphur) 성분에 기인한다. 마늘은 다음과 같이 다양하게 투여할 수 있다.

- **생마늘**: 생마늘은 자주 사용되지는 않지만 이상적인 예방제로 잎이나 뿌리가 사용된다. 잎은 작게 썰어서 당밀과 밀기울과 섞어 작은 환을 만든다. 마늘뿌리는 당밀 또는 꿀 그리고 소맥분을 함께 혼합한 다음 잘 갈아서 사용한다. 또한 마늘은 방목지에 길러 동물이 필요할 때 직접 접근할 수 있게 해주어도 좋다.
- **가루마늘**: 가루를 낸 마늘을 사료에 첨가하는 것이 가장 실용적이다.
- **쪽마늘**: 소규모로 사육하는 곳에서 유용하게 사용할 수 있다. 마늘 2~3쪽이 양 한 마리가 하루에 필요한 양이다.
- **마늘 진액**: 마늘 진액은 하루에 실체중의 10kg당 20방울의 양으로 준다.

✚ 쑥(쓴쑥; Wormwood)

다양한 종류의 쑥은 뛰어난 구충 효과를 가지고 있다.

- 보통의 산쑥속(*Artemisia vulgaris*)은 폐충과의 구충에 효과적이다.
- 쓴쑥(*Artemisia absinthium*)을 정기적으로 사용한다. 다만 너무 많은 양을 사용하면 위험하기 때문에 주의해야 한다. 고춧가루 4티스푼과 가루로 만든 쑥 2티스푼을 꿀, 밀가루와 섞어 사용한다.
- 사철 쑥류(타라곤; *Artemisia dracunculus*) 역시 구충효과가 있다.

그림 18. 마늘

그림 19. 명아주

그림 20. 구과식물 침엽수

그림 21. 쑥국화

✚ 명아주(Goosefoot; *Chenopodium ambrosioides*)

명아주는 야생의 구충제 식물이다. 브라질에서 구충을 위해 돼지에게 직접 먹였다. 가루를 낸 씨들은 구충제와 살충제로서 사용되었으며, 잎은 구충을 위한 차로 사용되기도 했다. 명아주기름은 매우 효과적이나 독성이 있다. 사람이 사용하면 종종 심한 구역질, 두통과 같은 부작용이 있으며 죽기까지 한다.

✚ 구과(毬果) 식물 침엽수(Conifer)

돼지가 회충에 감염됐을 때, 하루에 1~3kg의 솔잎을 2~4주간 주었을 경우 감염 정도가 줄어드는 것을 확인하였다. 소나무나 다른 침엽수에서 추출한 송진을 쓰는 것이 더 쉽고 실용적이다. 송진을 증류하여 만든 송진증류주 50~100ml에 피마자유를 그 3배 양으로 혼합한 것을 간흡충과 말의 선충류에 사용한다. 식용 아마인유 혼합물과 송진증류주는 주의해서 사용해야 되는 구충제이다.

✚ 십자화과(Crucifers, 또는 겨자과) 식물

인도에서는 일주일 동안 하루에 100~150g의 겨자유를 기생충 구충제로 사용한다. 겨자유는 다른 구충제보다 설사를 더 하게 하나 그럼에도 불구하고 특정 종류의 기생충에 대해서는 더 효과적이다. 무, 생으로 간 순무, 서양 고추냉이 그리고 한련(旱蓮)의 씨앗을 사료에 첨가해 준다.

✚ 조롱박류(Cucurbits) 작물

호박씨와 호박덩굴 그리고 다른 덩굴 작물들은 기생충에 효과적인 구충 혼합물들을 함유하고 있다. 캐나다의 개척자들이 동물에게 씨앗을 직접 먹이기도 했는데, 호박씨와 비슷한 효과를 위해 주성분을 물, 알코올 또는 에테르를 이용해 추출하여 사용할 경우 더 효과적이다. 호박씨에서 나온 수용성 추출물들은 염전위충(Twisted Stomach Worm)에 효과가 있다.

✚ 루핀과(Lupine) 식물

생것을 잘게 잘라서 급여용으로 준비한다. 가볍게 소금을 첨가한 루핀은 돼지의 장내 기생충에 좋은 구충제이다. 편충에는 100% 효과가 있고, 분선충에 대한 효과는 66%, 회충에 대한 효과는 50%로 나타났다.

✚ 쑥국화과(*Tanacetum vulgare*) 식물

쑥국화과의 씨들은 양에서 선충류에 효과적으로 사용된다. 쑥국화과의 꽃과 잎의 수용성 추출물들은 망아지와 개의 회충 제거에 100% 효과가 있다. 급여량은 생시체중 kg당 0.5ml을 하루에 2번 투여하고 그다음으로 하루 금식시킨다. 1kg의 꽃과 잎으로 1L의 추출물을 만든다. 소와 양은 쉽게 쑥국화과를 섭취한다.

그림 22. 조롱박류

그림 23. 루핀

Ⅵ. 유기축산에서 유방위생 관리 및 대체요법

1. 유방위생 관리

✚ 사양환경 관리

젖소에서 건강한 유방은 필수적이다. 건강한 유방관리를 위해서는 착유기를 적절하게 유지 · 관리해야 하는 것이 무엇보다 중요한 사항이다. 유방은 항상 부드럽게 다루어야 하며, 유두 세척은 철저히 하면서 전착유는 조심스럽게 해야 하는데 유두는 우유가 나오는 출구이지만 감염의 주요 경로이기도 하기 때문이다. 만약 유두가 절단되거나 작은 상처가 나면 즉시 치료해주고, 우상에는 항상 깨끗한 깔짚을 깔아주어 쾌적한 환경에서 휴식을 취할 수 있도록 해준다.

유방염은 젖소에게서 가장 흔하게 발생하는 질병이다. 유방염의 원인이 되는 세균은 어느 목장에나 상재해 있다. 각종 원인세균은 주로 토양이나 퇴비에 많이 존재하며, 위생상태가 불량하거나 착유기술 부족, 우상의 상태 그리고 유방의 상처와 같은 다양한 요인들에 의하여 유선 내에 세균 감염이 일어나게 된다.

영양상태, 대사성 질병의 유무 그리고 면역반응의 강도 등에 의하여 유방 내 감염의 확산이 결정된다. 한편, 유방염이 발생하였을 경우에도 체계적인 위생관리 방법의 적용과 적절한 동종치료요법을 병행할 경우에 치료가 성공적으로 이루어지고 있음이 보고되고 있어 적절한 위생관리는 유방염 예방과 치료에 매우 중요한 요인임을 알 수 있다. 사육환경과 사양관리를 개선함으로써 유방염을 비롯한 질병의 재발을 방지할 수 있다. 예를 들어, 어느 목장에서 축주가 젖소의 면역시스템을 망가뜨리는 원인이 되는 곰팡이가 사료에서 반복해서 발생하는 문제점을 추적 · 개선해서 질병의 발생이 현저하게 감소했다는 연구보고가 있다. 또한 연중 축사 내에서만 키운 젖소에서는 유방염 발생률이 증가하지만, 운동장이 딸린 축사에서 사육한 우군에서는 임상적 유방염 발생률이 적게 발생되어 사육환경의 개선이 유방염 예방을 위해 매우 중요하다는 것을 알 수 있다.

유기낙농을 하는 많은 낙농가들은 질병에 저항할 만한 항체를 형성하는 생약제(허브), 초유 · 유청 제품, 비타민C 그리고 동종요법 등이 급성 유방염의 치료에 효과가 있음을 인지하게 되었다. 만성유방염(보통 황색포도상구균의 감염)은 치료하기 힘들며, 전 우군에 감염되어 있을 수도 있다. 만성유방염은 다른 치료방법, 즉 대체요법을 적용하면 효과적이지 못해 통상 항생제로 치료를 하며, 치료한 소는 착유라인에서 제외한다. 캐나다 유기낙농의 표준지침에서는 유방염에 걸린 젖소는 격리된 축사에서 치료를 하며, 항생제 치료 후 30일간 격리 착유하고 우유는 폐기한 후 다시 유기우군에 포함시킬 수 있다. 반면에 미국의 유기낙농 표준지침에서는 한번 항생제 치료를 받은 유기 젖소의 우유는 전 기간 동안 팔 수 없게 되어 있다. 우리나라에서는 항생제 치료 후에는 해당약품에 대한 휴약기간의 2배의 기간 동안 폐기하도록 하고 있다.

✚ 체세포수 관리

우리나라에서 체세포수 1등급은 200,000으로 규정하고 있으며, 모든 낙농가가 200,000 이하를 유지하기 위해 노력하고 있다. 그러나 얼마의 체세포수를 적정 수치로 구성할 것인지에 대한 의견에는 약간 차이가 있으며, 유기축산에서도 다양한 의견을 접할 수 있다. 항생제에 의지하지 않는 유기낙농가들은 체세포수가 200,000일 때 전체적인 면역시스템의 기능이 좋다는 지표임을 알고 있다. 그러나 400,000 이상의 체세포수는 문제가 있음을 나타내는 수치이다. 일반적으로 많은 낙농가들은 체세포수의 평균을 잘못 이해하고 있다. 왜냐하면 체세포수는 젖소의 연령에 따라 다양해지기 때문이다. 나이든 소는 높게 나오며, 대부분의 처녀우에서는 낮게 나온다. 그리고 구리, 셀레늄, 아연의 수치가 낮을 경우 체세포수는 높게 나온다. 미네랄은 손상된 유방의 회복에 매우 중요하고 젖소의 자연 면역을 위해서도 필요하다. 한편 지압요법에서 유방혈 마사지는 유방건강 개선에 좋으며, 체세포수를 줄이는 데 도움이 된다.

✚ 건유기 대체치료

착유 젖소를 건유할 때 유방염을 예방하기 위해 통상적으로 항생제를 사용하고 있으나 유기축산에서는 사용을 해서 안 된다. 건유젖소 전부에 건유연고를 주입하여 항생제 내성균이 발생되었을 때에는 낙농가들은 다른 대안을 고려해야 할 것이다. 건유기 유방염은 건유 직후 첫 2주 동안 열린 유두관을 통해 새로운 감염을 초래했거나 직전 착유기간 중 만성 감염으로 유지되어 온 것이 건유와 함께 악화된 결과로 나타나게 된다.

때문에 새로운 감염을 방지하기 위해서 오염이 안 된 청결한 환경을 건유 젖소에게 제공하는 것이 매우 중요하다. 건유기 동안 유두공을 장기간 밀폐시키는 건유기 유두침지액을 사용할 때는 유기낙농으로 인정될 것인가에 대해 주의해야 한다. 지금까지 이러한 유두공을 밀폐시키는 제품들이 유기낙농에서 인정되지 않았기 때문이다. 건유 후 2주째의 새로운 유방 감염보다 흔한 증례로는 만성유방염이 있다. 이때는 원인균을 확인하는 것이 중요하다. 만약 필요하다면 항생제 또는 동종요법을 통해 개체별로 치료를 한다. 포도상구균 감염에 의한 만성유방염에 걸린 젖소는 도태하는 것이 좋다.

어떤 건유법이 최상의 방법이라고 명확하지는 않다. 건유방법에는 급속건유법과 점진적인 건유법이 있으나 어느 것이 유방염의 발생이 높거나 낮다고 말할 수 없다. 그래서 건유방법은 상황에 따라 각각의 젖소에 맞는 방법을 선택하는 것이 필요하다. 하지만 급속건유법이 새로운 감염의 생성을 방지할 수는 있다. 급속건유 시에 농후사료급여는 중지하고 양질의 건초와 물만 급여하며 쾌적한 환경으로 바꾸어 주면 젖소 건유가 빠르게 이루어질 수 있도록 도움을 줄 것이다. 또한 건유 시에 곧바로 착유를 중지하는 것보다 2일 동안 계속 착유해 주는 것이 낫다. 젖소에 따라 다르지만 한 번 더 추가적인 착유가 필요한 소도 있다. 건유 시 유방 내 약간의 압력을 주는 것은 우유의 흡수를 위해 필요하다. 그러나 유방 내 압력이 너무 높으면 조직에 상처를 주고, 유두를 통한 우유의 누출 원인이 되며 이로 인해 새로운 유방 내 감염으로 유방염의 원인이 될 수도 있다.

그림 24. 유기목장 내 착유장 및 착유 후 방목 전경

2. 대체치료법

✚ 유열

소를 앉은 자세로 잘 보정하고 칼슘과 요오드가 풍부한 해초가루를 크게 두 주먹 분량, 당밀 900~1,000g을 따뜻한 물에 마실 수 있을 정도로 섞어 즉시 급여한다. 한 시간 간격으로 반복하여 투여한다.

✚ 유방염

젖소는 환기가 잘되는 축사에 계류하며, 치료는 즉시 그리고 철저하게 한다. 환축은 물만 주고 2일간 절식시키면서 설사제인 센나(Senna; 석결명류)를 저녁에 준다. 그리고 갈은 생강 1티스푼을 준다. 셋째 날부터 절식을 멈추고 아침에는 우유 4컵과 미지근한 물 1컵, 10스푼의 당밀을 급여하고 점심과 저녁에는 소독한 건초와 당밀을 주는데 이를 3일 동안 한다. 환축은 전 기간 동안 처음부터 마늘과 세이지로 치료한다. 큰 마늘 두 뿌리를 두 개의 물컵에 넣어 아침과 저녁으로 급여한다. 세이지는 꿀 2스푼을 넣은 물 3컵에 세이지를 두 주먹 넣고 매일 아침에 한 번 먹인다. 참소리쟁이 증탕액은 외부 유방염을 경감시키기는 효과가 있는데, 참소리쟁이잎 두 주먹 정도를 물컵 2개 분량의 물을 넣어 끓인다. 참소리쟁이 끓인 물을 차게 식힌 후 수건에 적셔서 유방과 유두를 씻어 주면 염증 완화에 좋고, 유방이 단단해졌을 때는 뜨겁게 하여 세척해준다.

그 외의 방법으로 철저한 착유위생을 실행하는 등 양질의 착유를 실시하며, 급성유방염의 경우 2시간마다 젖을 짜내면서 비타민C 수액 50~100ml을 피하 또는 유정맥 내에 주사해 준다. 또한 초유로 제조한 단백질 용액을 피하 또는 유정맥 내에 주사하거나 필요에 따라 항염증제로서 아스피린을 투여한다. 생약성분 간기능 강화제를 투여해 주며, 사과사이다식초 500ml를 하루에 두 번 급여하면 효과가 있다.

✚ 지압요법

각종 질병 치료에 지압요법이나 침술이 사용될 수 있다. 이 방법은 중국의 전통 한의학에 기초를 두고 있고, 피부의 표면과 특정 기관의 기능과 관계가 있다. 건강은 에너지 균형의 유지로 에너지가 과잉된 곳으로부터 부족한 곳으로 이동시킴으로써 질병을 치료할 수 있다는 것이다. 같은 기관에 작용하는 작용점을 혈점이라 부른다. 이런 작용점들은 갈비뼈 사이의 깊은 곳, 뼈 위, 어깨 주위의 움푹 패인 곳이나 무릎과 발목의 깊은 곳에 항상 있다. 351개의 전통적인 혈자리가 있으나 실제로 150곳만이 사용되고 있다.

(그림 25)는 장기별 지압부위를 나타낸 것이다. 여러 혈점들을 눌렀을 때 동물의 반응에 따라 신체적 문제들의 진단에 사용될 수 있다. 이런 혈점들을 지압하거나 마사지 해주면 어떤 증례에서 회복에 많은 도움이 되는데 누구나 쉽게 적용할 수 있다. 지압은 염증 부위에는 적용할 수 없지만 염증의 위쪽이나 아래쪽은 적용이 가능하다. 손바닥으로 혈점 위를 지압해주는 것은 가축을 진정시키고 스트레스를 완화시키는 데 매우 효과적이다.

그림 25. 장기별 지압부위

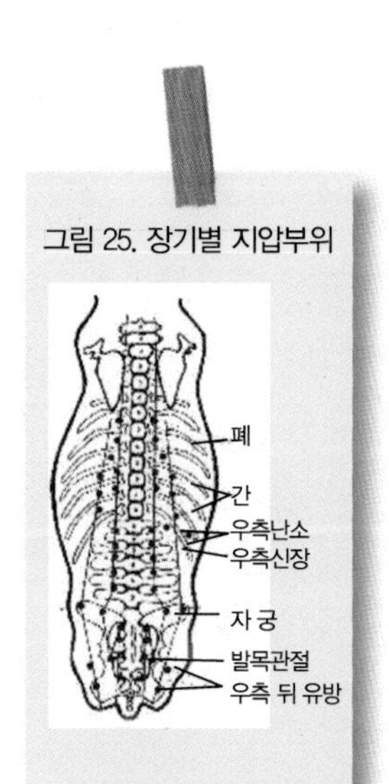

※좌측 난소, 좌측 신장 그리고 좌측 유방의 지압점은 우측과 반대방향에 위치

✚ 생균제(Probiotics)

생균제는 소화기관에서 유익한 작용을 하는 데 필요한 미생물들의 확립에 도움을 주는 살아 있는 유익한 박테리아로 국내에도 다양한 생균제가 있다. 이런 생균제 제품은 소가 아플 때 보조요법으로 사용할 수 있다. 투여방법은 제품에 따라 하루에 1~2회 사료에 혼합하여 3일 이

상 투여한다. 생균제는 생리적 밸런스 유지에 도움이 되는 치료에 사용될 수 있다. 락토바실러스(Lactobacillus)의 사용은 대장균의 발육과 콕시듐의 감염을 억제하는 데 도움을 주어 장내 위생환경을 개선시켜 준다. 송아지 설사증 치료에도 효과가 있다.

✚ 기타 치료법

- **과산화수소**: 감염증 또는 설사를 예방하기 위해 음수에 투여하는 것이 권장된다.
- **사과식초**: 감염증 또는 설사증 특히 송아지 설사증을 예방하기 위해 과산화수소 대신 사용된다. 음수로 투여할 때 과산화수소보다 효과적이다. 내부기생충 구제를 위해 일주에 한 번씩 음수에 희석하여 급여한다.
- **후산정체**: 점토반죽을 뒷다리 무릎에 잘 문질러서 바른다(분말 점토에 올리브오일을 적당히 넣어 바를 수 있도록 반죽한다).
- **유방염**: 점토반죽을 매 착유 시에 유방에 마사지하며 바른다.
- **제염**: 점토반죽에 황산동을 첨가하여 발라준다.
- **자궁감염**: 뜨거운 물에 점토와 레몬 4분의 1개를 즙을 내어 혼합한 액체를 자궁 내 주입한다.
- **송아지 설사**: 점토 25g, 요구르트 125g, 귀리가루 1컵을 우유에 잘 혼합하여 먹인다.
- **규조토**: 내부기생충 구제를 위해 규조토와 곡물을 혼합하거나 자유롭게 먹을 수 있도록 준비하여 주며, 규조토를 물에 으깨어 피부에 발라주면 외부기생충 구제에 효과가 있다.
- **라벤더오일**: 물 1갤런(약 3.78L)당 라벤더정제오일 20방울을 넣은 다음 분사기를 이용해 동물의 등에 뿌려준다.

- **생강정제기름:** 생강정제기름 5방울을 분만 1시간 전에 경구 투여해 준다.
- **차나무기름:** 차나무기름은 윤선(Ringworm)에 사용한다. 차나무정제기름 20방울을 물 500ml에 희석하여 감염된 소의 전신에 뿌려준다. 차나무기름 용액은 사료 급이조 등의 세균 오염 가능성이 있는 장비에 소독제로도 사용이 가능하다.
- **인동덩굴:** 인동덩굴 50g을 물 1L에 삶아서 달인 물을 아침, 저녁으로 2회에 걸쳐 소의 체중에 따라 200~300ml 정도 먹이면 해열, 진통, 소염에 효과가 있다.
- **이정초(이질풀):** 뿌리째 4g(큰 소는 60g)을 물 1L에 넣고 삶은 물을 아침, 저녁 2회 급여하거나 말려서 가루로 만들어 혓바닥에 묻혀 주면 설사증에 효과가 있다.
- **인동초, 감나무뿌리, 인진쑥:** 인동초 꽃과 감나무뿌리 및 인진쑥을 물 3홉(약 540ml)에 달여 1홉 정도를 1~2회 경구 투여하면 송아지 설사증에 효과가 있다.
- **비타민A, D, E, B:** 스트레스를 받은 소에게 급여하면 스트레스 완화에 도움이 된다.

Ⅶ. 질병예방을 위한 위생해충 구제

1. 파리의 구제

파리는 가축 및 사람에게 피해를 주는 해충으로, 체중 및 우유생산량 등 생산능력을 감소시키고, 각종 전염병을 매개하는 기생충이다. 이러한 파리를 성공적으로 방제하기 위해 우선 목장에서 문제를 일으키는 파리가 무언인가를 확인하고, 또한 파리가 서식 및 증식하는 곳을 확인하는 것이 중요하다. 그리고 무엇보다 앞서의 문제에 대한 각각의 구제법을 찾는 것이 중요하다. 축사 내 사료창고 등에서 문제를 일으키는 것은 집파리(House Fly)와 개파리(Stable Fly), 말파리(Horse Fly)이고 방목 중인 가축에게 피해를 주는 파리는 주로 안면파리(Face Fly)와 뿔파리(Horn Fly)이다.

✚ 집파리(House Flies)

퇴비, 깔짚, 먹고 남은 사료 및 낟가리 등 습기가 많은 곳에서 잘 발생한다. 생활사는 2~3주로, 암컷의 수명은 10~21일간이며 살아 있는 기간 중에 150~200개의 알을 낳는다. 집파리는 가축의 다리나 사타구니 쪽을 공격하여 소가 다리로 땅을 구르는 등의 행동을 하게 만든다. 소 1마리당 10마리의 파리가 있다면 높은 수준의 서식 및 활동임을 고려해야 한다.

✚ 개파리(Stable Flies)

비나 오줌에 젖은 깔짚 및 풀 또는 추수 후에 남은 젖은 낟가리 등에서 잘 발생한다. 암컷 한 마리가 200~400개의 알을 낳는데, 이 알들은 3주간에 걸쳐 구더기 및 번데기를 거쳐 성충으로 성장한다. 개파리는 주로 가축의 주변, 집주변의 그늘진 곳 그리고 가축이 쉬도록 만들어준 나무의 그늘진 곳에 서식하며, 가축의 피부를 뚫고 흡혈을 하는데 주로 낮 시간에 여러 차례 흡혈을 한다.

✚ 뿔파리(Horn Flies)

신선한 거름 등에서 발생하는데, 주로 초지에 방목 중에 소에 피해를 준다. 뿔파리는 소의 등 쪽, 주로 등 한가운데 많이 모여 있다가 중앙선 바깥쪽으로 퍼져나가면서 피를 빨아먹고, 대부분 가축과 같이 생활한다. 암컷은 가축의 배설물과 거름으로 덮인 곳에서 서식하며, 알은 소의 분변 덩어리에 낳는데 적당한 습도에서 잘 발생한다. 생활사는 비교적 짧아 10일이다.

✚ 안면파리(Face Flies)

말파리와 비슷하지만 약간 크며, 축축하고 신선한 거름더미에서 번식한다. 많은 수의 파리가 안면과 비경에 존재하고, 눈 주위에 많이 서식(먹이활동)함으로써 눈을 자극하게 된다. 파리가 많이 있을 경우 동물은 서로 머리를 묻고 무리지어 있다. 가축이 축사 내로 들어갈 때는 따라 들어가지 않는다.

✚ 말파리(Horse Flies)

말파리는 야채찌꺼기, 물가 주변의 바위 또는 물건 등지에 연 1회 알을 낳는데, 입은 칼날처럼 날카롭게 생겨서 동물에게 고통스러운 상처를 낸다. 박멸은 무척 어려운 편으로 방충제를 사용하는 것이 유용한 구제법이다.

그림 26. 파리 종류

집파리

개파리

뿔파리

안면파리

말파리

2. 파리의 방제 전략

효과적인 파리 방제를 위해 아래와 같은 다양한 방법을 혼용하여 사용하고 있으나, 무엇보다 중요한 것은 위생 상태를 청결하게 유지하는 것이다.

✚ 주변을 깨끗하게 유지함으로써 부화지를 제거한다

최소한 일주일에 한 번 정도는 축사 청소를 실시하며, 가축의 분뇨, 깔짚 그리고 사료찌꺼기 등을 제거하거나 잘 정리하여 보관함으로써 파리의 생활사를 차단할 수 있다. 분뇨더미는 경사를 가파르게 유지하면서 표면이 단단하게 하거나 건조되도록 한다. 퇴비는 가능한 습기가 많은 부분은 제거해 주며, 퇴비는 교반하여 표면의 파리알이 퇴비 더미의 중앙 안쪽으로 보냄으로써 높은 발효열로 파리알을 없앨 수 있다. 일주일에 한 번 정도 운동장, 축사 및 쓰레기장 등에 대하여 철저히 점검해야 한다. 또한 적절한 환기는 축사 내 파리의 발생을 억제할 수 있다.

✚ 파리를 막을 수 있는 장치를 해둔다

착유실, 우유탱크 보관실 등은 파리가 접근하지 못하도록 문이나 창문에 방충망을 설치하며 실내에 파리 잡는 기구 등을 설치한다.

✚ 방목지(운동장)를 한번 뒤집어준다

트랙터나 경운기로 방목지(운동장)를 건조하면서 햇볕이 강한 날 뒤집어준다. 교반 시 분변을 잘게 부수게 되어 분변 내 파리알을 사멸시킬 수 있다.

✚ 파리 덫 설치

충분한 수의 덫을 적절한 기능을 갖는 것을 적절한 장소에 사용할 경우 눈에 띄게 파리를 감소시킬 수 있다. 여기에는 다양한 종류가 있다.

(1) 외부 덫

먹이 혹은 곤충의 성 페로몬으로 파리를 유인하는 것을 말한다. 먹이를 넣은 원뿔모양의 덫을 태양빛이 강하게 비추는 곳이나 파리가 활발하게 움직이는 지역의 1.8m 이내의 바람이 불지 않은 곳, 예를 들자면 축사의 동쪽이나 서쪽 끝 또는 퇴비더미의 모서리, 송아지 사육장 주변 등에 놓는다. 유인물로부터의 반사되는 태양 빛은 파리를 구조물 안으로 유인하고 이 파리는 탈출하지 못하여 탈수로 죽게 된다.

표면이 하얀색인 것은 집파리를 유인하는 데 효과적인데, 무독성의 접착제를 흰색 플라스틱 및 종이로 만든 피라미드형 구조에 도포한다. 종이에 파리가 많이 잡혀 있거나, 접착성이 떨어졌을 경우 제거한다.

(2) 실내 덫

자외선 형광전구를 설치하여 파리를 감전사 시키거나, 원통형 덫에 포획한다. 덫은 바닥에서 1m 높이에 위치하게 하고 출입구 주변에 설치하는 것이 효과적이다. 덫을 높게 설치하는 것은 효율적이지 못하며, 빛을 이용한 덫은 각각 5~7m 이상 떨어져서는 효과가 없기 때문에 필요한 만큼 충분히 설치한다.

끈끈이끈 역시 효율적이다. 끈끈이끈은 건물 안에 사용하는 것으로 파리가 비교적 적은 축사에서 활용할 수 있으나, 파리가 많은 축사에서는 효율적이지 못하다.

마분지판 등에 접착성이 강한 것을 발라놓은 끈끈이판 역시 권장할 수 있다. 끈끈이판은 다양한 제품이 있어 천장, 파이프 등에 붙여 놓을 수 있기 때문에 활용 면에서 효율적이다.

✚ 오리를 이용한 파리 구제

많은 유기축산 농장에서 파리 제거 목적으로 오리를 이용하고 있다. 어린 오리일수록 파리를 제거하는 데 유용하며, 젖소 120두를 키우는 농장에서 30~40마리의 오리로 충분한 효과를 낼 수 있다. 조류 즉, 닭을 키울 경우에는 공간이 필요한데 일반적으로 오리는 농장의 어느 곳을 이용하더라도 쉽게 사육할 수 있다. 운동장 혹은 방목지의 닭이나 오리 등은 소의 뒤를 따라 다니면서 배설되는 분변에 서식하는 파리의 유충(구더기)을 섭식해서 파리 제거효과를 낼 수 있다.

✚ 말똥구리를 이용한 파리 구제

말똥구리는 파리의 개체수를 줄이는데, 분뇨 및 퇴비 더미를 없앰으로써 부화지를 줄이는 역할을 한다. 이 유기농법에서 가장 중요한 것은 '이버멕틴(Ivermectin)'을 사용하지 않는 것이다. 내부기생을 사멸시키는 데 이용하는 이 약제는 말똥구리를 죽이는데 투약 시 분변 내에 잔류되기 때문이다.

✚ 규조토 및 규조토 토양 사용

규조토는 고대해양 지층에서 규조류가 퇴적되어 화석화된 것으로 규조토 입자 가장자리는 날카롭다. 이러한 규조토 입자들은 곤충의 표피를 뚫고 들어가서 탈수에 이르게 하여 죽게 한다. 유기낙농에서 축사 안에 넓게 뿌려졌거나 가축의 등에 먼지로 존재하는 규조토는 구더기나 파리 수를 줄이는 데 효과적으로 사용될 수 있다. 또한 규조토를 천주머니에 넣어 문틀 위에 달아 놓으면 소가 축사를 출입할 때 규조토 망을 건드려 등에 규조토가 쌓여 소의 등을 말려줘서 파리가 붙는 것을 막을 수 있다.

규조토 가루는 파리가 가장 많이 번식하는 시기에 2주에 한 번씩 뿌려주는데, 이 방법은 파리를 방제하는 데는 비교적 안전하지만 사람의 폐에는 자극적이므로 주의해야 한다.

✚ 생약제 사용

시트로넬라(Citronella) 또는 박하유(Peppermint Oil, 예: Pennyroyal) 같은 생약은 곤충이 싫어하는 향이 나기 때문에 방충제로 이용하는 것이다. 페퍼민트 또는 유칼립투스(Eucalyptus) 오일을 물과 섞어 뿌려주면

되는데, 바닐라(Vanilla) 잎을 축사에 걸어 파리가 도망가게 하는 것도 효과적이다.

✚ 비눗물 분무(지방산염+물)

비눗물을 소의 등에 뿌려서 파리가 등에 붙지 못하게 하는 방법으로, 소가 착유실에 들어갈 때 뿌려준다. 비눗물 대신 식초와 물을 혼합하여 사용하기도 한다.

3. 쥐의 구제

쥐의 개체 수는 천적이 없거나, 먹이가 충분할 때 매우 쉽게 증가한다. 쥐가 증가하는 원인을 파악한다면 비교적 쉽게 쥐를 제거할 수 있다. 쥐의 증가를 예방하기 위해서는 사료를 쥐로부터 안전한 창고 등에 저장하며, 벽에 사료나 낟가리는 쌓아 두지 않아야 한다. 또한 사료나 건초 창고 근처의 풀을 베어내어 깨끗하게 하고 쥐가 살 만한 구멍은 모두 막는다. 한편 쥐를 잡아먹는 포식동물 즉, 고양이 등을 키우는 것이 유용할 것이다.

대다수의 살서제 종류는 유기축산 농장에서 사용되지 않지만, 기계적 덫 설치는 허용되고 있다. 퀸톡스(Quintox®)으로 알려진 비타민D-3 제품이 살서제로 사용되고 있는데 이 제제를 다른 쥐 구제법과 병용하면서 쥐를 박멸해야 한다.

Ⅷ. 국내외 사용가능 약품목록

1. 유기축산에서 약품 사용 전에 생각해야 할 점

✚ 가축의 질병은 우선 예방조치를 통해 관리해야 한다

우리나라 유기축산 기준에 따르면, 가축의 질병은 다음 네 가지 조치를 통하여 예방할 수 있다.

- 우수한 가축 품종과 계통을 선택한다.
- 사육장의 위생을 관리한다.
- 비타민과 무기물 급여를 통한 면역기능을 증진시킨다.
- 질병이나 기생충에 저항력이 있는 종 · 품종을 선택한다.

이런 조치들은 구조적으로 병해충을 관리하는 것이라고 할 수 있다.

✚ 위와 같은 구조적 병해충 관리방법 외에도 약품 따위를 사용하는 적극적 병해충 관리방법이 있을 수 있다. 유기축산 기준에서 허용하는 적극적 병해충 관리방법은 구충제, 예방백신, 그 밖의 긴급한 방역조치를 들 수 있다.

✚ 이상과 같은 방법을 우선 사용하였음에도 질병은 발생할 수 있다. 이런 경우에는 수의사 처방에 따라 동물용의약품을 사용할 수 있는데, 동물용의약품을 사용한 가축은 약품 휴약기간의 2배가 지날 때까지 유기축산

물로 판매할 수 없다.

✚ 일반적인 동물용의약품 외에도 약초나 천연물질을 이용하여 치료를 할 수 있다.

2. 유기축산에서 병해충 관리에 쓰일 수 있는 물질

유기축산에서 사용될 수 있는 동물용 의약품, 체내구충제, 체외구충제, 복용 또는 국부 치료제, 생물학제제 등을 예로 들면 다음과 같다.

- **과산화수소:** 소독, 위생관리에 사용한다.
- **구충제:** 비합성 물질인 경우에만 사용가능하다.
- **규조토:** 비합성 제품만 사용가능하다.
- **글리세린:** 유두 소독에 사용한다.
- **꿀:** 가축 소독에 사용한다.
- **님제제(Neem):** 해충 구제에 사용한다.
- **동종요법제제**
- **디-리모넨:** 체외구충제 및 해충 구제에 사용한다.
- **리모넨:** 해충 구제에 사용한다.
- **마취제(리도카인, 프로카인):** 국부 마취에 사용하며 일반 가축 휴약기간의 2배수를 적용한다.
- **백신**
- **부토파놀:** 예방적 조치에도 불구하고 질병이 발생했을 때 사용하

며, 일반 가축 휴약기간의 2배수를 적용한다.

- **비타민류**
- **사리염(황산마그네슘)**
- **생균제(프로바이오틱스):** GMO를 원료로 하지 않고, GMO를 배지로 사용하지 않는 경우 사용가능하다.
- **생물학제제:** 모든 바이러스, 혈청, 독소 그리고 이와 유사한 천연 또는 합성제제로서, 동물 질병의 진단, 치료 또는 예방용으로 사용되는 진단시약, 항독소, 백신, 살아 있는 미생물, 죽은 미생물, 그리고 미생물의 항원 또는 면역 성분 등을 포함한다.
- **소석회(수산화칼슘):** 국부 소독 또는 체외기생충 구제에 사용하는데 절단부 소독이나 축사 바닥 악취제거에는 사용이 금지된다.
- **식물성유지**
- **식물성제제:** 체외구충제 또는 축사 병해충 방제로 사용하는데, 시트로넬라, 님(Neem), 피레트럼(Pyrethrum), 로테논(Rotenone), 라이아니아(Ryania speciosa), 사바딜라(Sabadilla) 등이 있다.
- **아드레날린:** 질병이 발생한 경우에만 사용한다.
- **아세트산:** 비합성물질인 경우에 국부 소독제로 사용이 가능하다.
- **아스피린:** 염증을 완화시키는 데 사용한다.
- **아트로핀:** 예방적 조치에도 불구하고 질병이 발생했을 때 사용하는데, 일반 가축 휴약기간의 2배수를 적용한다.
- **양모지(Lanolin):** 피부염 치료에 사용한다.
- **에탄올(에틸알코올):** 국부 소독제 또는 위생관리에 사용한다.
- **에피네프린:** 예방적 조치에도 불구하고 질병이 발생했을 때 사용한다.
- **염화가리:** 미네랄로 섭취시킨다.
- **옥시토신:** 분만 후 진통제로만 사용할 수 있다.

- **요오드:** 국부 소독 또는 위생관리에 사용한다.
- **유두 소독제:** 금지된 물질이 포함되지 않은 경우에 사용 가능하다.
- **이버멕틴:** 기생충 구제에 사용되는데, 예방적 조치에도 불구하고 기생충이 심각하게 발생했을 경우에만 사용할 수 있다.
- **이소프로페놀(이소프로필알코올):** 소독제로만 사용 가능하다.
- **인산:** 미네랄로 섭취시킨다.
- **전해수:** 구강 치료 또는 정맥 주사에 사용하는데, 항생제 물질이 혼합되지 않은 것만 사용가능하다.
- **정유(精油):** 체외구충제로 사용한다.
- **초유:** 성장촉진제를 투여한 가축에서 기인한 것은 사용할 수 없다.
- **침술(Acupuncture)**
- **칼슘제(천연):** 방해석, 이판암, 인산암, 석회석, 조개껍데기, 굴껍데기 등의 분말로 질병 예방용으로 사용한다.
- **칼슘제(합성):** 수령에 따라 질병 예방용으로 요구되는 양을 초과하지 않게 사용해야 한다.
- **클로르헥시딘(Chlorhexidine):** 유두 소독에 사용한다.
- **활성탄(숯):** 화학적으로 처리되지 않아야 한다.
- **황산구리:** 국부 치료제로 사용한다.
- **황산동:** 제염 치료제로 사용한다.

Part 05

•

유기양돈

Ⅰ. 유기양돈의 개요

1. 유기양돈의 현황

우리나라의 소득수준이 증가하고 소비자들의 식품안전에 대한 관심이 증가하면서 친환경 축산물 및 유기 축산에 대한 소비자의 관심 또한 높아졌다. 이러한 추세를 반영하여 '01년에 유기축산물 인증제도가 도입되었고, '07년부터는 무항생제축산물 인증제도와 환경친화형 축산농장 인증제도 등이 추진되고 있다. 이와 같은 정부의 친환경 축산정책에 힘입어 유기 · 무항생제축산물 생산이 빠르게 증가하고 있다.

최근 웰빙 문화의 확산으로 건강과 식품안전에 대한 소비자들의 관심이 증대되고 구매패턴 변화로 친환경 농축산물 수요가 지속적으로 증가하고 있는 추세이다. 따라서, 유기 · 무항생제축산물 인증농가는 '05년 이후 지속적으로 증가하여 '10년 10월 말 기준 유기축산물 62개 농가, 무항생제축산물 2,792개 농가로 나타났다.

표 1. 유기 · 무항생제축산물 인증현황('10년 10월 말 기준) (단위: 건)

구 분	계	한 · 육우	젖 소	돼 지	닭		기 타[1]
					산란계	육 계	
유기 인증 건수	62	11	30	4	13	3	1
무항생제 인증 건수	2,792	1,430	107	157	571	299	228

※ 1): 기타는 산양, 오리, 사슴을 포함한 숫자임. 이중 유기축산물 인증은 산양 1건이며, 무항생제 인증은 사슴 5, 산양 25, 오리 186, 메추리 12건.

출처: 국립농산물품질관리원('10)

유기양돈은 유기사료를 급여하고 돼지의 생리활동에 적합한 초지나 운동장에서 동물약품의 사용을 금지하며, 돼지를 유기적인 방식으로 사육하는 것을 말한다. 일부 인증기관에 따라 목초지 방목을 규정화하는 곳도 있는데, 방목지나 운동장으로 자유로운 출입이 허용되도록 하는 것이 세계적인 추세이다.

방목양돈의 경우 유기배합사료의 소요량을 절감할 수 있고, 질병에 대한 항병력을 증진시킬 수 있으며, 인공수정보다는 자연교배를 권장하고 있다.

관행적인 일반양돈과 유기양돈과의 가장 큰 차이는 사료와 사양관리 조건에 있다. 유기양돈은 일반양돈과 달리 밀집사육이 허용되지 않기 때문에 충분한 사육공간이 제공되어 돼지의 생리 및 행동특성 표현이 가능하도록 해야 한다. 또한, 유기사료를 공급하는 것은 물론, 돈사 내에 항상 깔짚을 깔아주고 돼지의 행동특성에 따라 신선한 물과 사료를 섭취할 수 있도록 해야 한다(표 2).

표 2. 일반축산과 친환경 축산의 차이점

구 분	관 행	유기축산	무항생제축산
환경보전	가축분뇨관리 이용법	유기물 자원순환	유기물 자원순환
자연생태 유지	전업화, 일반사료	무농약, 무항생제, non GMO, 무성장촉진제	무항생제, 무성장촉진제
급여사료	일반사료	유기사료	무항생제사료
사육 환경	축산업 등록기준	깔짚바닥 방사, 운동장, 자연채광	무창, 케이지 허용 축산업 등록기준
경관보전	기준 없음	경관보전	경관보전 권장
경 영	경영기록 자유	경영기록 1년 이상	경영기록 1년 이상

출처: 국립축산과학원('07)

유기 · 무항생제축산물의 인증실적을 살펴보면, '10년 10월 말 기준 돼지 유기축산물 인증은 4농가 4,681두, 건당 평균 인증두수는 1,170두이다. 또한, 무항생제축산물 인증은 184농가 410,533두이며, 농가당 평균 인증두수는 2,231두이다.

표 3. 유기 · 무항생제축산물 인증농가 및 인증두수('10년 10월 말 기준)

구 분		농가수	총 인증두수	농가당 평균 인증두수	농가당 최대 인증두수	농가당 최소 인증두수
돼 지	유 기	4	4,681	1,170	3,500	21
	무항생제	184	410,533	2,231	39,500	45

출처: 국립농산물품질관리원('10)

돼지의 유기 및 무항생제축산물 인증 지역별 현황을 살펴보면 유기축산물의 경우는 유기사료가 외국의 수입제품에 의존하기 때문에 고가여서 인증농가수는 4호에 불과하며, 대부분 규모가 1,000두 미만인데 충남은 3,500두 규모로 제일 크다. 무항생제축산물은 전국적으로 157건에 184호 농가가 인증을 받았는데, 전남이 63건으로 제일 많고, 경북, 충북 · 남 순으로 인증수가 많다.

표 4. 지역별 돼지 유기축산물 및 무항생제축산물 인증 현황('10년 10월 말 기준) (단위: 건, 두)

구 분	경 기	강 원	전 남	전 북	경 남	경 북	충 남	충 북	제 주	울 산	계
					유기축산물						
건 수	–	2	–	1	–	–	1	–	–	–	4
두 수	–	381	–	800	–	–	3,500	–	–	–	4,681
					무항생제축산물						
건 수	7	1	63	3	10	29	15	16	12	1	157
두 수	72,839	3,500	86,307	13,761	17,528	58,899	44,801	44,864	28,484	39,550	410,533

출처: 국립농산물품질관리원('10)

Ⅱ. 유기양돈의 특성

유기농산물에 대한 관심이 높아지면서 유기축산을 추진하려는 노력도 증가하고 있다. 그러나 우리나라는 국토면적이 좁고 인구과밀이란 점 때문에 유기농업을 부정적으로 보는 시각이 많다. 그 이유로는 첫째, 유기사료 생산이 어렵다는 점이다. 화학비료나 농약 사용 없이 유기적으로 사료를 생산하는 것이 어렵다. 둘째, 토지비용의 증가이다. 유기축산은 동물복지를 고려해야 하기 때문에 더 많은 토지가 필요하며 축사 건축 시에도 관행보다 더 많은 면적이 소요된다. 셋째, 유기농산물 판매가 힘들다. 유기농산물에 대한 소비자의 인지도가 낮고, 생산비 증가에 따른 고가로 판매하는 데 어려움이 따른다. 넷째, 생산성이 낮다는 점이다. 유기축산은 사육과정에 항생제와 성장촉진제를 사용하지 못하기 때문에 생산성이 감소한다.

(표 1)에서 보는 바와 같이 유기축산 인증은 유기계란이 축산 전체의 21%로 젖소 다음으로 가장 높다. 가금이 다른 가축보다 작고, 축산물 중 소비량이 가장 많기 때문인 것으로 사료된다.

유기양돈은 모돈을 일괄사육하는데, 후보돈을 외부로부터 정기적으로 입식하고 동물의약품, 성장촉진제, 호르몬제의 사용을 금하며 구충제나 예방백신은 가능하고, 거세는 물리적 거세를 할 수 있으며, 인공수정은 허용된다. 꼬리 자르기는 인증기관 인정 시 가능하도록 규정하고 있다. 또한 이용하는 배합사료는 원료사료가 유기적으로 생산된 것이어야 하므로 외국에서 도입해야 하는데, 이에 대한 경비도 추가로 소요된다. 따라서 국내 사료가격보다 더 비쌀 것으로 예상되는 사료값도 문제점으로 대두된다.

1. 사육 및 환경

유기 또는 전환기 유기가축의 사육환경은 기본적으로 친환경육성법에 제시된 사항을 준수해야 한다. 이 기준은 다음 (표 5)에 제시된 바와 같이 일반원칙, 사육조건, 질병예방, 생산물 관리, 가축의 번식, 가축의 사료, 영양관리, 질병 및 복지, 분뇨처리 등 사양전반에 대해 기술하고 있다. 유기축산농가로 인증을 받기 위해서는 제시된 기준에 따라 사육하고 준수한 내용을 기록하여 근거자료로 제시해야 한다.

표 5. 유기축산 및 전환기 유기축산 인증기준

구 분	구비 요건	
	유기축산	전환기 유기축산
일반원칙 (영농자료 보관)	1. 유기적 환경 고려 사양 2. 가축 복지 고려 3. 제한적 치료제 사용 4. 영농관련자료 2년 이상 보관 (1) 축산물 유해 잔류 검사서 (2) 가축 입식 및 번식 내용 (3) 사료생산 및 구입방법 (4) 약품사용 및 질병관리 내용	1. 유기적 환경 고려 사양 2. 가축 복지 고려 3. 제한적 치료제 사용 4. 영농관련자료 2년 이상 보관 (1) 축산물 유해 잔류 검사서 (2) 가축 입식 및 번식 내용 (3) 사료생산 및 구입방법 (4) 약품사용 및 질병관리 내용
가축 사육조건	1. 오염 우려 없는 지역 2. 가축 복지 고려 (1) 충분한 활동면적 (2) 쾌적하고 위생적 환경 (3) 신선한 사료와 음수 제공 3. 축종에 따른 적절한 사육조건 (1) 번식돈: 군사 권장	1. 오염 우려 없는 지역 2. 가축 복지 고려 (1) 충분한 활동면적 (2) 쾌적하고 위생적 환경 (3) 신선한 사료와 음수 제공
가축 질병예방	1. 내병성 품종 유지 2. 원칙적으로 이유, 부화 직후 가축 이용, 단 원유 생산용 가축은 성축 입식	1. 내병성 품종 유지 2. 원칙적으로 이유, 부화 직후 가축 이용, 단 원유 생산용 가축은 성축 입식

생산물 관리	1. 생축의 스트레스 최소화 2. HACCP 인증 도축장 이용 3. 생축 저장 · 수송 시 청결 유지 4. 합성 첨가물 사용 불가 5. 재생 가능 유기 포장재 이용	1. 생축의 스트레스 최소화 2. HACCP 인증 도축장 이용 3. 생축 저장 · 수송 시 청결 유지 4. 합성 첨가물 사용 불가 5. 재생 가능 유기 포장재 이용
가축의 번식	1. 자연교배 권장 2. 번식호르몬 사용 불가 3. 유전공학 번식기법 사용 불가	1. 자연교배 권장 2. 번식호르몬 사용 불가 3. 유전공학 번식기법 사용 불가
가축의 사료, 영양관리, 질병 및 복지	1. 100% 유기사료 급여('10. 12월 말) (1) 반추가축: 건물기준 85% 이상 (2) 비반추가축: 건물기준 80% 이상 2. 반추가축 사일리지만 급여 금지 3. 비반추가축 일정 조사료 급여 4. 유전자 변형 농산물 유래 사료 사용 불가 5. 사료 첨가 불가 물질 (1) 합성화합물 (2) 포유동물 유래 사료(반추동물) (3) 합성질소 및 NPN (4) 항생제, 합성항균제 등 6. 질병 예방이 최우선 7. 질병 치료 시 휴약기간 2배가 지나야 함 8. 제각, 단미, 견치 절단 금지	1. 기준에 부합한 유기사료 급여 (1) 반추가축: 건물기준 45% 이상 (2) 비반추가축: 건물기준 40% 이상 2. 무농약 부산물인 경우 (1) 반추가축: 건물기준 60% 이상 (2) 비반추가축: 건물기준 55% 이상 3. 반추가축 사일리지만 급여 금지 4. 비반추가축 일정 조사료 급여 5. 유전자 변형 농산물 유래 사료 사용 불가 6. 사료 첨가 불가 물질 (1) 합성화합물 (2) 포유동물 유래 사료(반추동물) (3) 합성질소 및 NPN (4) 항생제, 합성항균제 등 7. 질병 예방이 최우선 8. 질병 치료 시 휴약기간 2배가 지나야 함 9. 제각, 단미, 견치 절단 금지 10. 물리적 거세는 허용
분뇨처리	1. 토양과 유기적 순환계 유지 2. 분뇨의 적절한 처리 3. 주변 환경의 오염 금지	1. 토양과 유기적 순환계 유지 2. 분뇨의 적절한 처리 3. 주변 환경의 오염 금지

2. 유기양돈의 경영

유기축산을 실시했을 때 생산성이 얼마나 변화가 있는지에 대한 국내 자료는 없다. (표 6)에 제시된 독일의 사례는 유기양돈은 일반양돈과 차이가 없는 것으로 나타났다. 유기양돈이 생산성에 있어서 일반양돈과 차이는 없으나, 우리나라에서 유기곡류를 생산하여 이용하는 것이 어렵기 때문에 전량 외국 수입에 의존해야 한다. 이처럼 유기사료 가격이 높기 때문에 유기양돈은 현실적으로 추진하기가 쉽지 않은 실정이다.

표 6. 독일의 유기양돈과 일반양돈의 생산성 비교

구 분	유기양돈	일반양돈	조사기간
모돈 1두당 연간 이유두수	17.6(100호)	16.8(500호)	'95~'97
	17.0(80호)	17.2(3,000호)	'95~'96
평 균	17.3	17.0	-

3. 유기사료 생산을 위한 원료사료

유기축산을 하기 위해서는 유기사료의 확보가 필수적이다. 유기사료는 유기적으로 재배된 원료사료를 이용해야 한다. 또한 육골분, 항생제, 성장촉진제 등은 사용이 금지된 품목이다.

표 7. 유기사료 제조용 원료사료의 종류

유기사료 제조용 단미사료		유기사료 제조용 보조사료	
식물성	곡물류(옥수수, 보리, 밀), 강피류(곡쇄류, 밀기울, 말분), 단백질류(대두박, 들깻묵, 채종박, 면실박 등), 근괴류(고구마, 감자, 돼지감자, 타피오카, 무 등), 식품가공부산물(두류가공부산물, 당밀 및 과실류가공부산물), 해조류(해조분), 섬유질류(목초, 산야초, 나뭇잎 등), 제약부산물(농림부장관이 지정하는 제약부산물), 유지류(옥수수 등)	올리고당류	갈락토올리고당, 플락토올리고당, 이소말토올리고당, 대두올리고당, 만노스올리고당 및 그 밖의 올리고당
		효소제	아밀라아제, 알칼리성프로테아제 등 그 밖의 효소제와 그 복합체
		생균제	엔테로콕카스페시엄, 바실러스 코아굴란스, 효모제 및 그 밖의 생균제
동물성	단백질류(어분, 육분 등), 유기물류(골분, 어골회, 및 패분), 유지류[우지 및 돈지(반추가축에 사용은 제외)]	아미노산제	아민초산, DL-알라닌, HCL, L-라이신 및 L-트레오닌과 그 혼합물
광물성	식염류(암염 · 천일염), 인산염류 및 칼슘염류, 광물질첨가물(나트륨, 염소, 마그네슘, 유황, 칼리 등), 혼합광물질(2종 이상의 광물질을 혼합 또는 화합한 것으로 첨가형태로 제조한 것)	비타민제	비타민A, 프로비타민A, 비타민 B1 등과 그 유사체 및 혼합물
		기 타	보존제, 항응고제, 결착제, 유화제, 항산화제, 항곰팡이제, 향미제, 규산염제, 착색제, 추출제, 완충제
기 타	농림부장관이 고시한 자재	기 타	농림부장관이 고시한 자재

4. 유기사료의 가공

사료가공의 목적은 이용효율 증진, 허실 방지, 유해물질 감소 및 보관성을 향상시키는 데 있다. 사료가공의 효과는 사료 기호성 증진, 사료입자도 조절 및 형태변경, 소화율 증진 및 영양소 이용률 향상, 보관성 증가, 중독물질 및 유해인자 제거 등이다. 현재 주로 이용되는 배합사료의 가공방법은 분쇄, 펠릿팅, 박편, 볶기, 튀기기, 압출 등이 있다.

5. 사육시설

사육시설의 소요면적에 대한 기준은 친환경농산물 인증 등에 관한 세부실시요령(국립농산물품질관리원 고시 제2010-4호)에 제시되어 있다.

표 8. 돼지 사육단계별 소요면적

구 분	체중 및 단위	소요면적 (㎡/두)	비 고
임신(후보)돈	두당	3.1	깔짚돈사
분만돈	두당	4.0	분만틀 돈사
자돈(초기)	20㎏ 미만	0.2	깔짚돈사
자돈(후기)	20~30㎏ 미만	0.3	깔짚돈사
육성돈	30~60㎏ 미만	1.0	깔짚돈사
비육돈	60㎏ 이상	1.5	깔짚돈사
웅 돈	두당	10.4	깔짚돈사

Ⅲ. 유기양돈 연구동향

농촌진흥청 국립축산과학원은 '05년부터 유기축산과 관련된 연구사업을 실시하였고, 양돈분야는 '06년부터 '07년까지 유기사료의 급여가 돼지의 성장 및 육질에 미치는 영향에 관한 연구가 진행되었다. 유기양돈의 연구 동향은 국립축산과학원에서 실시한 연구결과를 중심으로 서술하고자 한다.

1. 유기사료의 급여

2006년 평균체중이 8.5kg인 삼원교잡종 이유자돈 96두를 이유 후부터 출하할 때까지 유기사료를 약 160일간 급여하였다. 유기사료의 단계별 단백질 함량은 (표 9)와 같다.

표 9. 시험사료의 단백질 함량 (단위: %)

구 분	관행사료	무항생제사료	유기사료
0~2주	21.5	17.9	17.8
2~3주	21.3	17.2	18.1
3~10주	19.6	15.3	16.5
10~17주	17.8	14.3	15.4
17~21주	15.9	13.8	14.8

출처: 국립축산과학원('07)

유기사료 급여 효과를 비교하기 위하여 관행사료, 무항생제사료 급여구로 나누어 시험하였다. 시험 전 기간 동안 체중은 유기사료 급여 시

102kg, 무항생제사료 급여 시 109kg, 관행사료 급여 시 114kg으로 유기사료는 관행사료에 비하여 약 10% 정도 성장률이 감소되었다(그림 1).

(표 10)에서 보는 바와 같이 일당증체량은 유기사료급여구가 무항생제사료구와 관행사료구에 비하여 각각 7.2~11.1% 낮았다. 사료 요구율은 유기사료급여구가 관행사료구와 무항생제사료구보다 각각 9~10% 높았다.

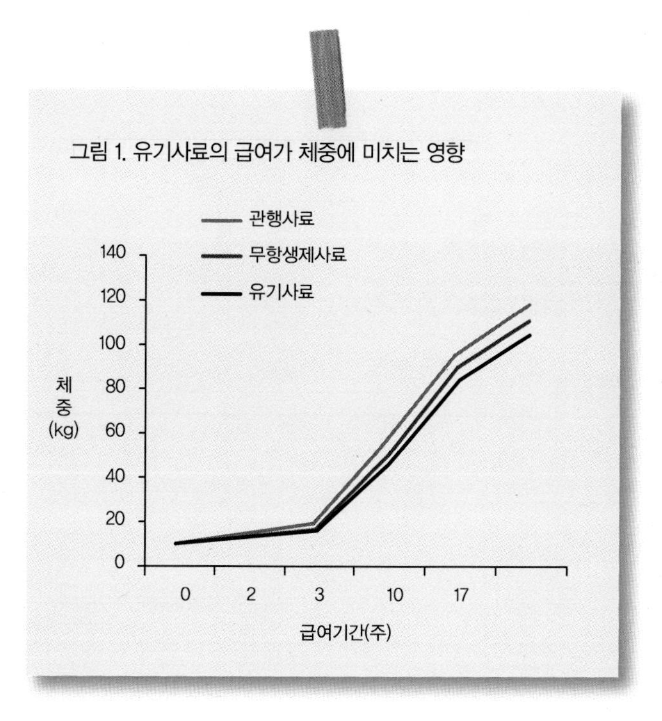

그림 1. 유기사료의 급여가 체중에 미치는 영향

표 10. 유기사료가 돼지의 사료섭취량에 미치는 영향

구 분	관행사료	무항생제사료	유기사료
일당증체량(kg)	0.72	0.69	0.64
사료섭취량(kg/일)	1.51	1.43	1.45
사료 요구율	2.10	2.08	2.29

유기사료 급여 시 도체성적은 (표 11)에서 보는 바와 같이 유기사료 급여구가 출하체중이 낮아 도체중은 제일 낮았다. 또한, 육질특성을 조사한 결과, 유기사료 급여구가 명도, 적색도, 황색도가 관행사료구보다 낮았고, pH는 높았다(표 12).

표 11. 유기사료가 돼지의 도체성적에 미치는 영향

구 분	관행사료	무항생제사료	유기사료
출하체중(kg)	122.6	119.6	118.6
도체중(kg)	95.9	93.1	92.5
도체율(%)	78.2	77.8	78.0
등지방두께(cm)	2.16	1.99	2.00
도체등급[1)]	1.73	2.00	2.00

※ 1): A등급 1점, B등급 2점, C등급 3점, D등급 4점 부여

표 12. 유기사료가 육질 특성에 미치는 영향

구 분	관행사료	무항생제사료	유기사료
CIE L^*	60.59	54.04	56.00
CIE a^*	16.50	17.17	16.18
CIE b^*	10.16	8.30	8.80
pH	5.43	5.50	5.49
등심단면적	53.3	52.2	52.4
근내지방도	1.73	1.94	1.81
경 도	1.61	1.59	1.68

종료 시까지 kg 증체당 사료비는 유기사료급여구가 관행사료구 및 무항생제사료구에 비하여 1.6~1.8배 높았다(표 13).

표 13. 경제성 분석

구 분	관행사료	무항생제사료	유기사료
사료섭취량(kg)	264.3	242.4	255.8
총 사료비(원)	124,183	111,080	177,854
증체량(kg)	105.8	100.6	93.3
kg 증체당 사료비(원)	1,174	1,104	1,905

출처: 국립축산과학원('07)

Ⅳ. 기대효과

한국농촌경제연구원('08)에서 발표된 자료에 따르면 관행사육에 비해 유기 · 무항생제축산물 생산의 경우 사료비와 노력비의 추가로 생산비가 크게 증가하는 것으로 나타났다.

유기 · 무항생제 돼지 사육의 생산비가 관행사육에 비해 높은 이유는 항생제 사용금지, 유기사료 급여 등으로 사료비와 노력비가 증가하기 때문으로 나타났다(그림 2). 두당 관행사육의 생산비는 217천 원이지만, 무항생제는 26.9% 증가한 276천 원, 유기는 88.4% 급증한 410천 원인 것으로 조사되었다. 두당 사료비는 관행이 113천 원, 무항생제가 관행대비 30% 증가한 147천 원, 유기는 관행에 비해 무려 116.8% 증가한 245천 원으로 친환경사육은 관행에 비해 노력비와 사료비가 많이 투입됨을 알 수 있다. 따라서 친환경 돼지 사육의 경우 돈육 가격을 차별화할 수 있는 판로확보가 이루어지지 않는 경우, 생산비 급증이 상당한 경영압박을 가져올 것으로 예상된다.

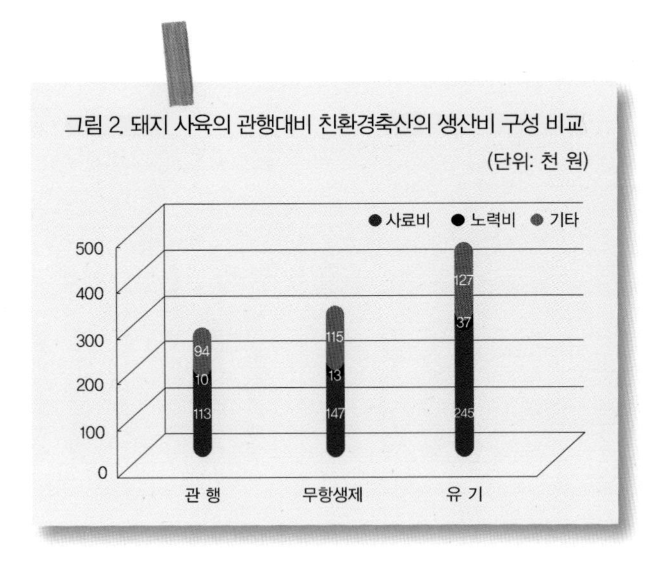

돼지 사육에 있어 두당 순수익은 관행사육의 경우 두당 평균 순수익이 56천 원이고, 무항생제는 4천 원 감소한 52천 원, 유기는 7천 원 감소한 49천 원으로 조사되어 현행 무항생제 또는 유기돼지 사육의 경우 관행에 비해 순소득이 상대적으로 적은 것으로 나타났다.

그러나, 친환경 돼지 사육에 있어서 판로가 확보되어 고차별화로 본다면, 두당 순수익은 무항생제 66천 원, 유기 82천 원으로 관행에 비해 높을 것으로 추정된다. 한편, 판로가 확보되지 않은 저차별화의 경우 순소득은 관행대비 무항생제는 18천 원 감소한 38천 원, 유기의 경우 40천 원 감소한 16천 원으로 추정되므로, 판로가 확보되지 않은 유기 · 무항생제 돼지의 생산초기에는 관행대비 상당한 수준의 소득 손실이 발생하는 것으로 분석된다(그림 3).

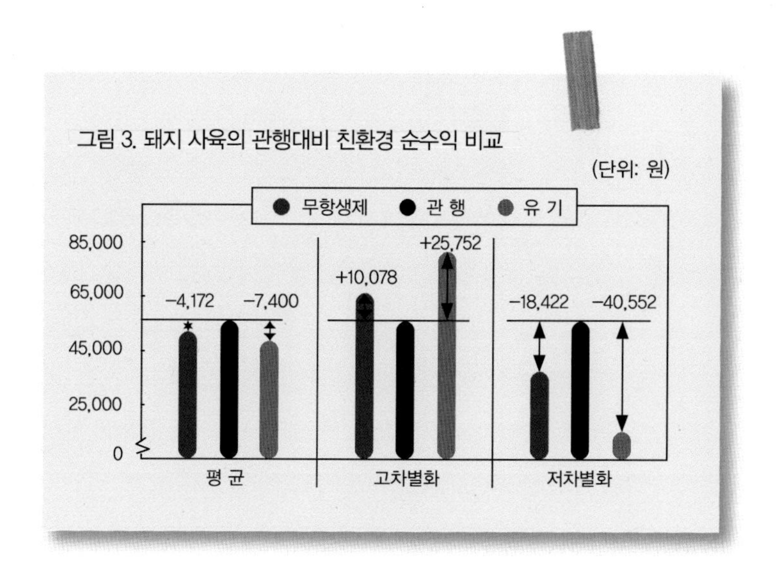

그림 3. 돼지 사육의 관행대비 친환경 순수익 비교

사육기간을 살펴보면, 무항생제 사육이 180일, 일반 관행사육이 170일로 유기사육 225일에 비해 각각 45~55일 단축되는 것으로 조사되었다. 폐사율의 경우 정확하게 계산된 자료는 없으나 농가조사 결과 친환경축산 도입 초기의 폐사율은 무항생제의 경우 일반관행보다 10~20%, 유기의 경우 30~40% 높게 나타나는 것으로 추정된다.

그림 4. 친환경돼지 사육시설

임신사

방목장

표 14. 돼지의 관행대비 친환경축산물 수익성 비교('07년 기준)

구분			관 행 (A)	무항생제 (B)	유 기 (C)	대 비 B/A	대 비 C/A	비 고
생산비	경영비	가축비	60,038	85,000	90,000	141.6	149.9	
		사료비	113,277[1]	147,127	245,387	129.9	216.6	
		수도광열비	2,606	3,479	4,374	133.5	167.9	
		방역치료비	5,903	1,817	2,161	30.8	36.6	
		수선비	1,113	1,743	3,489	156.6	313.5	
		소농구비	107	175	212	163.6	198.1	
		제재료비	1,991	1,221	2,860	61.3	143.6	
		차입금이자	2,678	3,089	3,165	115.3	118.2	
		임차료	856	312	104	36.5	12.1	
		고용노력비	5,255	6,670	9,669	126.9	184.0	
		기타 잡비	4,043	3,917	6,302	96.9	155.9	
		상각비	6,251	6,251	6,251	100.0	100.0	관행 자료
		소 계	204,118	260,801	373,974	127.8	183.2	
	자가노력비		4,801	6,670	27,127	138.9	565.0	
	고정자본이자		4,025	4,026	4,026	100.0	100.0	관행 자료
	유동자본이자		3,832	3,833	3,833	100.0	100.0	관행 자료
	토지자본이자		586	587	587	100.1	100.1	관행 자료
	비용합계		217,362	275,916	409,546	126.9	188.4	
	(kg당 비용)		(1,978)	(2,508)	(3,723)	(126.8)	(188.2)	
소득	비육돈 판매수입[2]		273,368	327,750	458,152	119.9	167.6	
	(kg당 단가)		(2,487)	(2,980)	(4,165)	(119.8)	(167.4)	
	부산물수입		274	274	274	100.0	100.0	관행 자료
	조수입		273,642	328,024	458,426	119.9	167.5	
	소 득		69,524	67,223	84,452	96.7	121.5	
	순수익		56,280	52,108	48,880	92.6	86.9	
	사육기간		155	180	225	116.1	145.2	
	출하체중		109.9	110	110	100.1	100.1	

※ 1): 2007년 관행사육의 사료비는 2006년 사료비의 30% 증가분을 적용함.

2): 유기 · 무항생제 비육돈 판매수입은 폐사율로 인한 소득감소율(유기: 10~15%, 무항생제: 5%)을 반영함.

V. 농가 사례

1. 농장 현황

- **설립연도** : '96년
- **사육규모** : 모돈 400두, 2-Site 경영체제
  - 분만 및 자돈생산(본장), 육성비육돈(위탁사육)
- **관리직원** : 4명(외국인 3, 가족 1)
- **돈사형태**
  - 임신돈 방목장 : 톱밥돈사(군사)-사료 및 분만, 백신 등 자동관리시스템
  - 분만사 및 자돈사 : 무창돈사(기계식 환기)
  - 육성 · 비육사 : 톱밥돈사(위탁사육)
- **도축** : 홍주 Meat, 박달재, 사조산업
- **도체판매**
  - 유기돈육 : 씨알산림축산, 7,000원/도체kg(일반돈육 1.9배) ⇒ 현대백화점
  - 무항생제돈육 : 오가니아, 5,200원/도체kg(일반돈육 1.4배) ⇒ CJ 홈쇼핑
- **인증현황**
  - HACCP 국제인증 : '05년
  - 유기축산 인증 : '06년 6월
  - 무항생제축산물 인증 : '07년 6월

2. 농장 전경

3. 농장 배치도

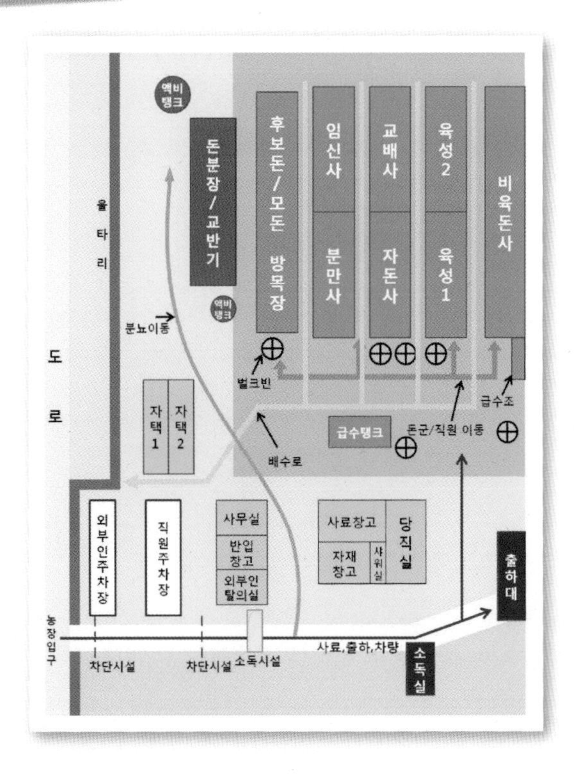

4. 사육단계별 사양관리

✚ 후보돈 관리

(1) 후보돈 선발

- 후보돈 선발은 면역체계 유지를 위해 두 달 전에 자체 실시한다.
- 연간 모돈 갱신율은 40%를 목표로 추진한다.
- 후보돈 자체 선발기준은 다음과 같다.
  - 외관(기침, 설사 등 건강상태 양호)을 확인하고 체중은 90~100 kg을 기준으로 한다.
  - 맹유두[6]나 부유두[7]가 없고, 유두 간격이 넓고 균일하며, 유두 수는 6~7쌍 이상이어야 한다.
  - 지제상태, 외음부 생김새, 하복부 용적 및 성격을 파악한다.

(2) 후보돈 입식준비

- 후보돈 입식 전 방목장을 깨끗이 청소하고, 60일간 격리하며 별도 관리한다.
- 후보돈 선발 시 신선한 물 공급 후, 개체상태를 확인하고 입식카드를 작성하며, 이표를 삽입한다.
- 선발된 후보돈은 방목장으로 이동 후 안정(3~6시간)을 취하게 하

---

6 Blind Teat [盲乳頭]: 선척적 또는 후천적 장애에 의한 유두폐색으로 유즙이 배출되지 않는 것을 말한다.
7 Supernumerary Teat(Extra Teat) [부乳頭]: 유구(乳區)당 한 개 이외에 존재하는 비정상적인 젖꼭지. 곁젖꼭지.

며, 필요할 경우 전해질 및 영양제를 공급해 준다.

(3) 후보돈 사료급여

• 후보돈 시기에 최대한 섭취할 수 있도록 사료급여체계를 수립한다.

표 15. 후보돈 사료급여 관리

구 분	사료급여 관리	목표체중
150~170일령	• 20일간 단계적 제한급여 실시	105㎏(170일령)
170~190일령	• 1일 2.3~2.5㎏ 급여 (임신돈 사료)	115㎏(190일령)
190~210일령	• 1일 2.5㎏ 급여 (임신돈 · 포유돈 사료) • 교배사 후보돈방으로 이동 준비	125㎏(210일령)
210일령 이후	• 1일 2.5~2.7㎏ 급여 • 웅돈접촉(발정유도) 및 종부 • 교배적기 파악 후 2주 전 강정사양[8]	–

(4) 후보돈 백신접종

• 18G 장침을 사용하여 백신프로그램에 따라 접종을 실시한다.

표 16. 후보돈 백신접종 프로그램

구 분	자체선발 입식	교배 7주 전	교배 6주 전	교배 5주 전	교배 4주 전	교배 3주 전
약제 및 사용량	내외부 구충 (이보멕)	HE (1ml)	AR–T (2ml)	PPV 1차 (5ml)	PED (2ml)	PPV 2차 (5ml)

(5) 후보돈 순치

- 선발 당일 방목장에 입식하고, 방목 및 순치기간은 60일 이상을 실시한다.
- 경산돈에 접촉시켜 면역을 형성시킨다.

(6) 후보돈의 발정유도 및 초교배

- 입식 후 발정일을 파악하고 개체카드를 기록하며 차기 교배예정일을 확인한다.
- 후보사에서 교배사로 이동 시 발정예정일로 동기군을 편성해 입식한다.
- 교배사로 이동일령은 200~210일령으로 한다.
- 후보돈은 교배사에서 오전, 오후에 웅돈 순회접촉으로 발정을 유도한다.
- 초교배는 체중 130~135㎏(230일령 전후)에 실시한다.

(7) 후보돈 도태기준

- 입식 후 호흡기 및 기타 질병이 심할 경우
- 외관이 허약하고, 후보돈 심사기준에 미달할 경우
- 발정이 발정주기에 따르지 않고 비정기적일 경우
- 후보돈이 260일령 이후에도 발정이 오지 않을 경우

8 종부(수정) 전 2~3주간 영양소를 많이 급여하는 사양방법을 의미하며 일반적으로 배란수 증가, 발정 촉진, 임신율 증가 등의 효과가 있다.

✚ 교배사 관리

(1) 웅돈 관리

- 웅돈은 발정확인용으로 사용하며, 승가 잘하는 개체로 선발한다.
- 돈사의 청결을 유지하고 미끄럼을 방지한다(톱밥 보충).
- 여름철 기온이 26℃ 이상일 때는 에어컨, 샤워시설, 안개분무, 차광망을 설치해 준다.
- 승가훈련은 생후 8개월령(체중 120kg 이상)부터 실시하고, 20개월령(체중 140kg)부터 사용한다.
- 난폭한 웅돈은 현황판에 표시하고, 이동 시 구타금지 및 몰이판을 활용한다.
- 구충은 연 2회 실시를 원칙으로 하나 필요하면 2개월에 1회를 추가적으로 실시한다.

표 17. 웅돈 사료급여량

구 분	100kg	150kg	200kg	250kg	300kg
급여량(kg)	2.4	2.6	2.7	2.9	3.0

(2) 이유모돈 관리

- 이유 시 지용성 비타민제(AD_3E) 주사 후 스톨사에 수용한다.
- 강정사양을 실시하는데, 이유전일 저녁 및 이유당일 오전에 사료를 절식하며, 첫 사료는 일률적으로 500g 급여하고, 2차 급여 시 체중별로 차등급여하며, 1일 3~4kg 이상 무제한급여를 원칙으로 한다.

- 이유 3일째부터 웅돈을 순회시켜 발정을 유도한다.
- 발정지연돈은 군사돈방으로 이동시켜 스트레스를 준다.
- 발정점검은 1일 2회, 충분한 시간과 웅돈을 접촉시켜 정확하게 실시한다.
- 교배는 수퇘지 허용개시 8~12시간 후 1차 주입하고, 그 후 10~12시간 후 2차 주입하며, 12시간 후 3차로 주입한다.
- 이유 후 30일 이상 무발정돈은 도태를 고려한다(1순위).

(3) 인공수정

① 정액주입 요령

- 보관고의 정액용기를 준비한다.
- 모돈 외음부를 세척 후 정액용기 절단부위를 소독된 기구로 절단한다.
- 주입기 선단에 수정용 젤을 발라 상향 15~20° 방향으로 질 상부벽을 따라 시계 반대방향으로 돌리면서 서서히 삽입한다.
- 주입기 손잡이 부분을 위로하여 정액용기를 결합해 주입한다.
- 영구용 주입기는 시계방향으로 빼내고 1회용 주입기는 역류방지용 마개로 막는다.
- 현황판에 교배상태를 상세하게 기록한다.

② 정액보관고 관리

- 정액보관고의 온도는 16~18℃로 유지한다(너무 춥거나 더운 곳에는 설치하지 말 것).
- 정액용기의 넓은 면이 바닥에 닿게 하고, 1일 2회 뒤집어 가라앉은

정자를 혼합해 활력을 촉진한다.

• 정액은 제조일을 확인하고 48시간 이내 사용한다.

✚ 임신돈 관리

(1) 임신돈 환경관리

• 군사 임신돈 방목장을 설치하여 임신 25일~분만 10일 전까지 수용한다.
• 사료, 백신, 임신 관리를 자동관리시스템장치를 설치하여 개체관리 한다.
• 임신사 온도는 18~25℃를 유지한다.

(2) 임신돈 사료 및 급수관리

• 자동개체관리시스템에 6단계로 구분하여 임신돈 유기전용사료를 급여해 준다.
• 초산돈은 200g 작게 급여하고, 겨울철엔 급여량을 늘려준다.
• 급수시설을 점검(수압 분당 2L 이상)하며, 연 2회 수질검사를 실시한다.

표 18. 임신돈(경산돈) 사료급여량

구 분	임신일령						
	0~75	82	90	93	96	100	105
급여량(kg)	2.0	2.1	2.3	2.5	2.8	3.1	3.2

(3) 임신돈 백신접종

- 18G 장침을 사용하여 백신프로그램에 따라 접종을 실시한다.

표 19. 임신돈 백신접종 프로그램

구 분	분만 5주 전	분만 4주 전	분만 3주 전	분만 2주 전	분만 1주 전	분만 3주 후	이유 전일
약제 및 사용량	AR-T1차 (2ml)	PED1차 (2ml)	AR-T2차 (2ml)	PED2차 (2ml)	구충 (이보멕)	HE (1ml)	PPV (2ml)

그림 5. 임신돈 자동개체관리시스템

그림 6. 임신돈사 앞 신발관리

✚ 분만돈 관리

(1) 분만돈 환경관리

- 돈사의 온도는 20~25℃, 습도는 50~70%, 실내유속은 0.3㎧ 이하로 유지한다.
- 양압식 환기는 동절기 18℃, 하절기 23℃로 설정하여 관리한다.

(2) 분만 전 준비

- 이유 후 분만사, 분만틀, 바닥, 칸막이, 사료급이기, 보온매트, 보온등 등 시설 및 유기물을 완전히 제거한다.
- 분만 5일 전부터 사료를 2kg 급여하고, 분만 전일은 1kg을 급여해준다.
- 분만돈방의 온도는 20~25℃를 유지하고, 보온등 설치 및 조산기구 준비 상태 등을 점검한다(견치기, 수건, 베타딘 등).

(3) 분만 시 관리

- 분만사는 수세, 건조 후 분만 10일 전에 돈체를 샤워해준 다음 입식, 분만사로 이동하기 전 필요한 모돈 구충 및 백신접종을 실시한다.
- 분만 후 물을 충분히 먹을 수 있도록 급이통에 받아둔다.
- 조산기구는 사용하지 않을 경우 자외선 소독기에 보관한다.
- 분만자돈이 추위에 노출되지 않도록 보온등으로 체온을 유지해준다(33~38℃).
- 분만자돈은 초유를 충분히 섭취시키고, 12시간 이후 견치, 이각과 단미를 실시한다.

(4) 사료급여 관리

- 사료급여는 1일 2회 분할 급여하는데, 분만 후 서서히 양을 늘린다.
- 분만돈 사료급여 목표: 경산돈(7.5~8.0kg), 초산돈(6.0~6.5kg)

(5) 포유자돈 관리

- 갓 태어난 포유자돈은 신문지로 코, 입, 몸 등의 점액을 닦아준다.
- 초유를 충분히 섭취하도록 하고 약한 개체는 앞쪽 젖으로 유도해 준다.
- 거세는 5일 이내 실시하고, 지속성 철분제를 3일령에 1.5cc 주사한다.
- 입질은 생후 5일령 이후 대용유를 액상 또는 가루형태로 급여한다.
- 포유자돈의 니플과 워터컵은 수시로 청소해 준다.

(6) 양자 보내기 관리

- 분만 후 24시간, 1주령, 2주령에 각각 실시한다.
- 균일화 양자, 되돌림 양자, 교환 양자, 대모돈 활용 등의 방법으로 실시한다.

(7) 이유 관리

- 이유당일은 사료를 절식시키고, 저체중돈(4kg 이하)은 재포유(도태 예정돈 활용) 한다.
- 포유모돈은 최소 25일 이상 포유하고 이유시킨다.

그림 7. 포유돈 · 자돈 보온구역 설정

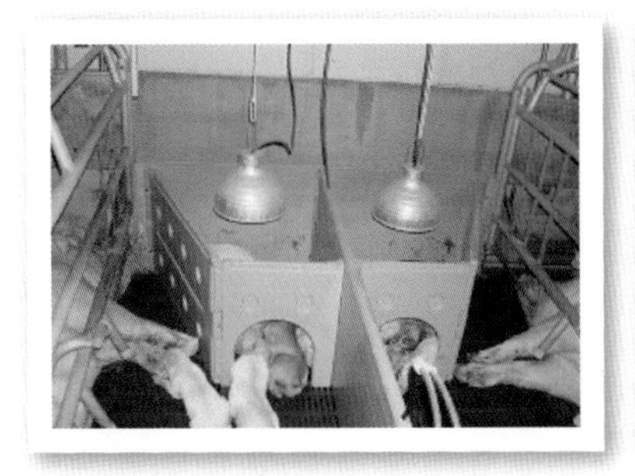

그림 8. 포유돈방 온도관리

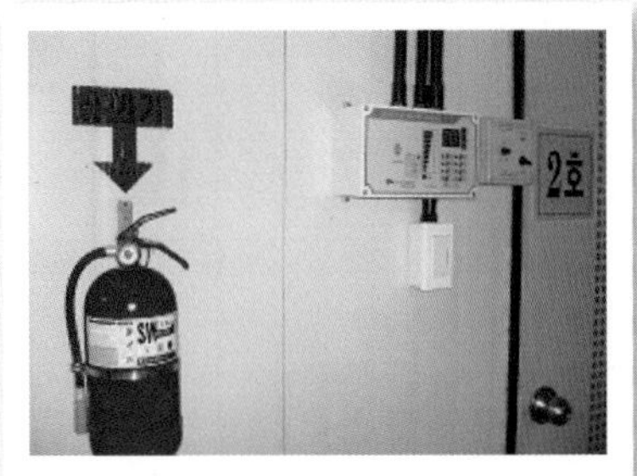

✚ 이유자돈 관리

(1) 전입 전 준비

- 돈방수리 및 청소를 실시한다.
- 사료급이기는 바닥 면까지 청소하고, 니플 및 워터컵에 이상이 있는지 확인한다.
- 전기시설 및 돈사시설의 이상이 있는지 점검한다(입기팬, 배기팬, 보온등 등).
- 돈방 내 적정 실내온도를 유지해 준다(25~30℃).

(2) 전입 후 관리

- 전입은 분만 후 28일령, 체중 7㎏ 이상을 기준으로 한다.
- 전입은 체중을 선별하여 오전에 실시한다.
- 전입 후 현황판 기록을 철저히 한다(전입일, 일령, 사료급여계획, 백신, 전출일 등).

- 전입 후 전출 목표는 60~70일령(체중 25~30kg)으로 한다.

(3) 자돈 백신접종

- 20G 단침을 사용하여 백신프로그램에 따라 접종을 실시한다.

표 20. 자돈 백신접종 프로그램

구 분	3일령	21일령	28일령	35~40일령	40일령	60일령
약제 및 사용량	철분 (1.5ml)	PCV2	이 유	구충 (첨가)	HE 1차 (1ml)	HE 2차 (1ml)

✚ 육성 · 비육돈 관리

(1) 입식 전 관리

- 입식 전 사료급이기 및 급수시설을 점검하고 청결을 유지한다.
- 온 · 습도를 적정 수준으로 맞춘 후 돼지 입식을 실시한다.
- 올인-올아웃을 실시하며, 적정 사육밀도(3두/평)를 유지한다.

(2) 사료관리

- 하절기는 1주일, 동절기는 2주일 분량을 주문하는 것으로 한다.
- 사료는 사료빈을 비우고 청소를 한 다음 입고한다.
- 급이기는 매일 점검하여 사료허실 방지 및 돼지의 건강상태를 파악한다.

- 정기적인 구서작업(쥐 방제)으로 사료허실 및 질병의 발생을 방지한다.

(3) 환경관리

- 하절기에는 고온다습으로 인한 스트레스를 최소화 하기 위해 자연환기와 기계환기를 함께 실시한다.
- 온도는 1일 온도편차를 5℃ 이내, 습도는 50~70%로 유지 및 관리한다.
- 물탱크 및 급수라인은 수시로 점검하고 수질검사는 연 2회 실시한다.

✚ 차단방역

(1) 농장 출입구 관리

- 방문객은 방명록 작성 후 출입하고, 차량은 외부 주차장에 주차시킨다.
- 농장 안으로 들어올 경우 농장 내 샤워장에서 샤워 후 출입시킨다.
- 농장입구에 물품반입창고를 설치하여 소독 후 내부로 반입한다.
- 외부인과 차량은 가능한 농장 내부에 진입하지 못하도록 시스템을 구비한다.

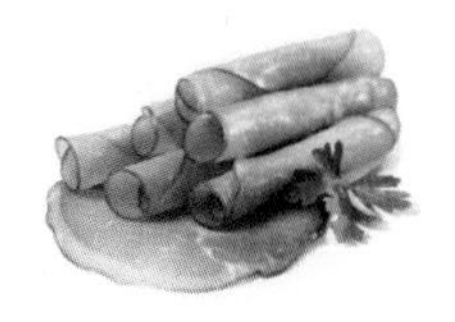

그림 9. 방문객 차량 주차시설

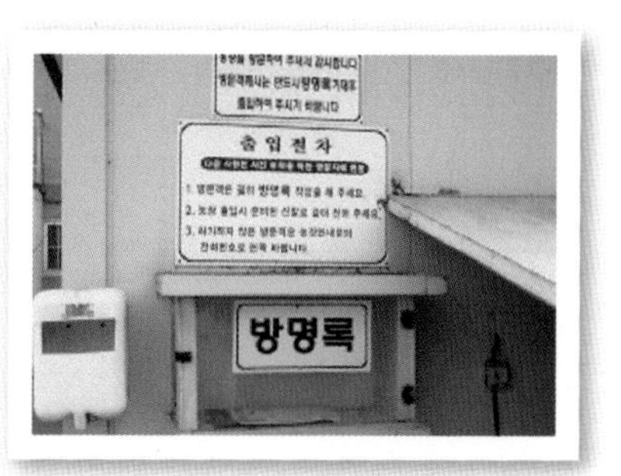

그림 10. 방명록 작성 알림

그림 11. 차량 소독시설

그림 12. 정문 차단시설

(2) 약품 및 주사바늘 관리

- 약품 사용 전에는 담당 수의사와 상담 후 치료를 실시한다.
- 약품 사용 시 설명서에 기재된 휴약기간을 준수한다.
- 약품의 유효기간을 확인 후 사용하고, 백신 등은 냉장보관한다.
- 주사기는 모돈 1두 1침, 자돈은 10두 1침으로 사용한다.

그림 13. 약품 사용 기록부

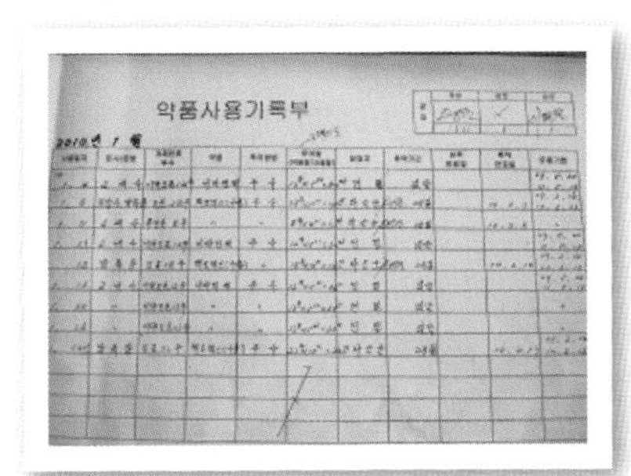
약품사용기록부

그림 14. 주사침 관리기록

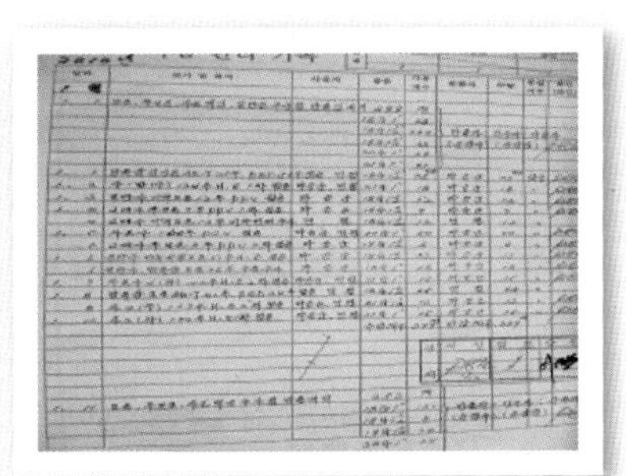

✚ 유기사료의 이용

농장에서 사용하는 성장단계별 모든 사료는 유기사료로 국제인증을 받은 외국사 제품을 전량 수입하여 사용하고 있다.

그림 15. 유기사료 인증서

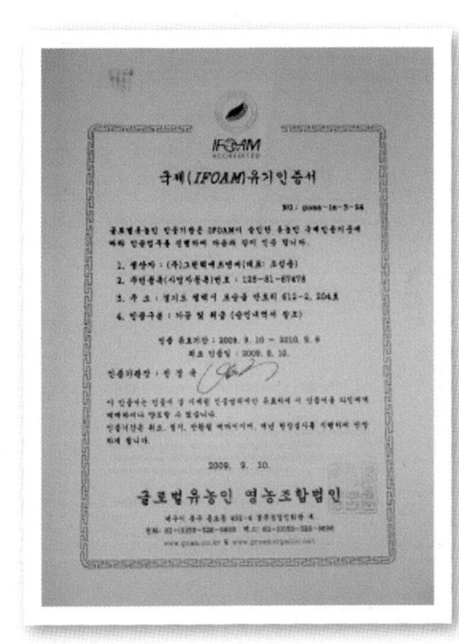

국제(IFOAM)유기인증서

2009. 9. 10.

글로벌유농인 영농조합법인

그림 16. 유기사료 공급계약서

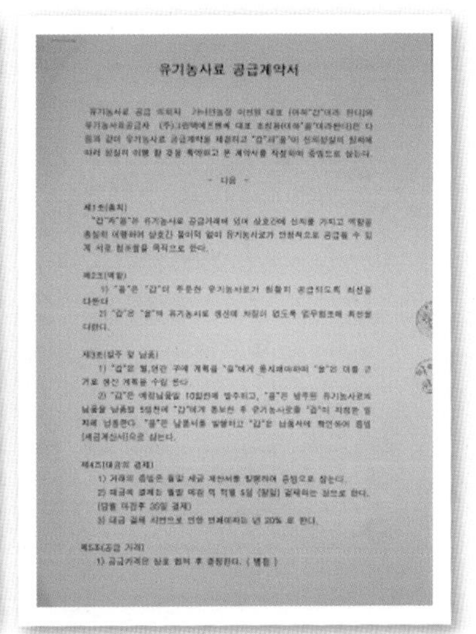
유기농사료 공급계약서

- 다음 -

Part 06

•

유기양계

선진국들은 유기농업을 농촌사회 발전과 생산방식 다양화 및 환경개선 정책수단으로 활용하고 있으며 '06년 기준으로 전 세계 유기농가는 약 25만 호이고 유기제품 판매시장은 278억 달러 규모이다. 주요 소비국은 미국과 EU로 우유, 양고기, 쇠고기가 주요품목이며 일부 일반농가는 친환경 유기축산으로 전환하고 있다. USDA(U.S. Department of Agriculture; 미국 농무부)에 따르면 최근 미국, 유럽과 일본 유기농식품 시장이 연간 15~30%씩 성장하고 있으며 '10년 주요 국가 유기식품 시장규모는 미국이 450억, EU가 460억, 일본은 110억 달러로 추정하고 있다. 유럽국가 간 친환경 유기축산물 교역이 활성화되는 추세이나 높은 가격과 국가 간 인증기준 차이가 제한요인으로 작용하고 있다.

국내에서도 국민소득의 증가와 안전한 먹거리에 대한 웰빙(Well-being) 분위기가 확산됨에 따라 친환경 축산물 또는 유기축산물에 소비자의 관심이 고조되고 있다. 국내 유기축산물의 시장규모는 전체시장의 5%를 목표하고 있다. 유기축산물에 대한 국제적인 식품규격은 CODEX에서 규정하고 있으며 국내에서는 우리 실정에 적합한 한국형 유기축산 규정으로 2001년 친환경 농업육성법의 시행규칙을 제정하였다. 이처럼 우리나라 실정에 맞는 유기축산의 사양체계를 개발하여 이를 적극적으로 추진하고 있으며 많을 때는 90여 호의 양계농장에서 닭고기와 계란에 대한 유기축산물 인증을 받아 유통 · 판매하였으나 '10년 10월 현재 산란계 13호, 육계 3호에서 유기양계를 하고 있으며 가격은 일반 축산물의 2~3배의 수준이다.

유기양계를 하는 데 있어서 가장 중요하게 고려되어야 할 것은 적정 사육밀도(Stocking Rate), 동물의 행동적 욕구에 적절한 축산시설 등의 가축건강과 복지 등이며 유기축산을 위한 축사시설 및 환경 지침에 준한 한국형 시설환경기준 및 모델을 마련하는 것이라고 볼 수 있다. 또한 전량 수입에 의존하고 있는 유기배합사료 원료에 대해서도 일반 유기농업과 연계하여 국내 또는 지역단위에서 재순환할 수 있는 방안이 필요하다고 하겠다.

Ⅰ. 유기양계 동향

1. 주요 국가의 유기양계 및 관련 동향

✚ 미국의 동향

미국 농무성은 2000년 유기육류 판매를 승인, 유기식품 인증과 표시 등을 규정하는 법령안을 제정하여 공포하였으며 이후 OFPA(Organic Foods Production Act; 유기식품생산법) 등 친환경상품 유통 관련 기준이 정립되면서 유기축산물 생산과 소비가 급증하고 있다. '97년 이후부터 매년 17%씩 시장이 성장하고 있으며 전체 유기식품 판매액 중에서 유기축산물의 비중은 17% 정도이다. '05년 유기축산물 판매 성장률은 낙농 23.6%, 육류 55.4%를 기록하고 있으며 식품안전에 대한 관심과 친환경 유기농축산물의 수요증가로 유기곡물과 유기축산물 시장에 대규모 유통업체 진입이 늘어나고 있다. 전문자연식품점 판매가 1/2 이상이며 생산자와 소비자 간 소규모 직거래보다는 대형유통이 주도를 하고 있다. '10년에는 총 식품매출액 중 10%가량이 유기식품으로 전환되었다.

표 1. 미국 유기식품시장의 가치 추정('98~'03) (단위: 백만 달러)

연도별	'98	'99	'00	'01	'02	'03	연평균 성장률 ('98~'03)
유기농산물 생산액	3,486	3,904	4,294	4,638	4,962	5,210	8.4%
냉동식품	400	565	813	1,179	1,603	2,101	39.3%
낙농품	424	598	832	1,148	1,538	2,015	36.6%
고기 및 육가공품	168	218	288	374	475	617	29.8%
총 계	5,401	6,463	7,760	9,352	11,146	13,172	19.5%

출처: FAS(Foreign Agricultural Service), USDA('00.12.)

미국의 유기식품교역협회와 미국 기업분석그룹 등의 자료에 의하면 미국 내 유기식품시장이 매년 20%씩 증가하고 있다고 한다. '98년 54억 달러를 기록한 유기식품이 '00년에는 77억 달러로 급신장하고 있는 것을 알 수 있다. 유기육류와 육가공품도 '03년도에 6억 달러를 넘어서고 있으며 유기낙농식품과 육류는 미국 유기식품시장의 15.5% 정도를 점하고 있다. '97년 미국 내 유기계란의 생산은 서해안, 동남해안 그리고 뉴잉글랜드에 집중되고 있으며 캘리포니아는 미국 내 유기인증 산란계의 65%, 버지니아 12%, 펜실베이니아 7%, 오하이오 6%를 차지하고 있다. 노스다코다는 미국 내 유기가금류의 62%, 뉴햄프셔는 15%, 펜실베이니아는 11%를 생산하고 있으며 '92~'97년 사이에 유기산란계는 50만 수가 넘고 있다. 유기식품 표시사항으로 제품내용물이 완전히 유기식품으로만 구성되어 있는 경우에는 "100% Organic", 유기원료가 95% 이상이고 비유기 원료가 5% 미만일 경우 "Organic", 유기원료가 50~95%이고 비유기 원료가 49% 미만일 경우에는 "Made with Organic", 유기원료가 49% 미만이면서 비유기 원료가 50% 이상인 경우에는 "Less than 50% Organic"으로 표시하고 있다.

✚ EU의 동향

유럽의 유기농축산물은 '80년대부터 급격히 증가하였으며 일반사육에서 유기축산으로 전환하는 비율은 오스트리아에서 가장 높다. 유기축산물 생산량이 EU 최대인 오스트리아는 '99년 국내 전 농가의 8%인 약 2만호로 EU 전체 유기농가수의 약 50%를 차지한다. 젖소는 1/8이 유기농가이며 산악지역을 중심으로 높은 보조를 받기 위해 인증을 받고 있다. 오스트리아의 유기축산물 중 1/3은 독일, 영국, 스웨덴 등으로 수출되고 있다. 덴마크도 유기농업이 빠르게 성장하고 있으며 전체농가의 4%가 유기생산을 하고 있다. 덴마크의 유기우유는 전체의 20%를 차지하며 50%까지 확대될 것으로 예상하고 있다. 프랑스도 유기육류와 가금류에서 빠르게 성장하고 있으며 '96년 기준으로 전체생산량 중 유기우유는 8%를 차지, 유기육류와 가금 생산은 3%를 차지했다. '99년 기준으로 프랑스의 산란계는 131만 수로 25%가 증가했으며 계속해서 증가하고 있다. EU 각국에서는 유기축산 및 유기농업이 급성장하고 있는 추세이며 소비자의 유기축산물에 대한 관심이 높아짐과 동시에 각국의 보조금, 유기식품에 대한 가격 차별화 등이 확보되고 있는 것도 생산 증가의 요인이 된다. 유기농축산물의 약 1/3은 수출되고 있으며 주요 수출 대상국은 영국, 독일, 스웨덴이다. 유럽 유기축산의 상위 5개국은 이탈리아, 독일, 영국, 스페인, 프랑스로 이들 국가가 점유하는 비율은 70% 정도이나 점차 하락하고 있다.

표 2. 주요국의 유기식품 소비구조

시 장	'97 소비액 (백만$)	'97 전체식품 소매액에서의 비중(%)	유기식품 소매액에서 수입액의 비중 (%)	'02 예측소매액 (백만 $)	'03~'05 연평균 증가율 (%)
E U				11,000	5 ~ 10
오스트리아	225	2	30	375	5 ~ 10
벨기에	75	1	50	225	5 ~ 10
덴마크	300	2.5	25	350	5
프랑스	720	0.5	10	1,250	5 ~ 10
독 일	1,800	1.2	60	3,000	5 ~ 10
네덜란드	350	1.5	60	450	5 ~ 10
스웨덴	110	0.6	30	375	10 ~ 15
스위스	350	2.0	na	750	5 ~ 15
영 국	450	0.4	70	1,600	10 ~ 15
이탈리아	750	0.6	na	1,300	5 ~ 15
호 주	53*	0.5	na	100	1.75
캐나다	674*	1.0	80	1,000	10 ~ 20
중 국	1,200*	6	0	na	na
미 국	4,200	1.25	na	13,000	15 ~ 20
일 본	1,100	〈1	1	400	
합 계	12,357			35,225	

출처: IFOAM(International Federation of Organic Agriculture Movements; 세계유기농업운동연맹, '02)

✚ 일본의 동향

일본은 '01년 4월 일본농림규격(JAS: Japanese Agricultural Standard)에 유기농업규정을 명확히 하여 이전의 모호했던 저농약, 감농약의 규정을 폐지하고 유기농산물의 생산과 유통을 엄격하게 규정하고 있으며 최근까지 4,555호가 유기농가로서 인증을 받고 있다.

일본의 유기축산은 우리나라와 마찬가지로 아직 초기단계에 머물러 있는데, 우리나라와 같이 유기사료의 수급문제가 가장 큰 장애 요인이다. 일본의 유기축산물 및 유기농산물의 유통은 생산자 및 생산 환경의 추적(Traceability)이 가능한 체제로 전환 중에 있으며 현재 IC칩(1개 10엔)이 개발되어 농축산물에 관한 모든 정보를 수록하여 소비자가 구입하는 유기식품에 관한 충분한 정보를 제공하고 있다.

✚ 우리나라의 유기양계 동향

우리나라는 '01년 친환경 농업육성법의 시행규칙을 개정하면서 유기축산 인증기준이 제정되었으며 유기축산물 인증이 시작되었다. 이를 토대로 한국 실정에 맞는 유기축산의 사양체계를 접목 중에 있으며 90여 호의 양계농장에서 닭고기와 계란에 대한 유기축산물을 인증받아 유통, 판매하기도 하였으나 '10년 10월 현재 16농가에서 유기양계를 하고 있다. 가격은 일반 축산물의 2~3배의 수준으로 판매량은 극히 적은 편이지만 서서히 증가하고 있는 실정이다. 산란계의 경우 유기축산 인증농가가 많이 증가하고 있으며 대부분의 농장에서 암수를 15 : 1로 자연방사하여 유정란을 생산하고 있다. 이를 토대로 자체 브랜드 계란을 판매하고 있으나 판매에 어려움을 겪고 있다. 육계의 경우에도 대부분 자연방사를 하며 유기주문사료를 급여하고 있고, 토종닭 위주로 생산하는데 생산된 계분은 유기농업과 연계가 이루어지고 있다.

✚ 유기양계와 일반양계의 수익성 비교

(1) 유기양계의 생산성

일반양계에서 유기양계로 전환하면 일반적으로 육계의 산육성이나 산란능력이 감소하는 것으로 나타나고 있다.

표 3. 유기양계와 일반양계의 생산성 비교

평가 항목	사육 방법		출 처
	유기사육	일반사육	
수당 연간 산란수	248 265 270~282	305 265 290	네덜란드('95) 스위스('97) 유럽('96)
산란계 주간 폐사율(%)	0.22~0.35	0.14	유럽('96)
육계 일당 증체율(gm)	34~36	50	영국 및 유럽('96)
육계 사료 요구율	3.5	2.0	영국 및 유럽('96)
육계 폐사 및 등외율(%)	10~12	8~10	영국 및 유럽('96)

표 4. 배합사료의 가격형성 체계 비교

구 분	영향지수	일반사료 대비 가격비율(%)		비 고
		유기배합사료	일반배합사료	
원료 곡물(수입) 유실류(수입) 목초펠렛(수입) 단백질원(국내) 농산부산물(국내) 사료 첨가제(국내) 생약 첨가제(국내) 항생물질	0.385 0.270 0.017 - 0.017 - 0.05 0.07	130~140 150~160 130 100 150 100 80 0	100 100 100 100 100 100 0 100	저공해 쌀 기준
원료수입비용	0.05	110~140	100	소포장, 냉장 등 비용
원료저장 비용	0.02	110	100	냉장시설 투자, 가동비용 소량 다품종 저장
사료제조비용	-	100	100	
포장비용	0.05	102	100	벌크출하 감소분
유통비용	-	100	100	
계		129	100	

출처: 강원대학교, 유기축산에 따른 경제성 분석 및 표준모델 개발, 농림부 2차 공청회 자료(01. 10. 18, p.21)

Ⅱ. 국가별 유기양계 기준

표 5. 주요 국가의 유기축산 기준

항 목	CODEX	영 국	미 국	일 본
가축 사료	• 100% 유기사료 급여 • 유기사료자원이 부족한 경우에만 반추가축 85%, 비반추가축 80%로 축소 가능	• 100% 유기사료 급여 • 유기사료자원이 부족한 경우에만 축우 90%, 젖소 85%, 비반추가축 80%로 축소 가능	• 유기인증을 받은 사료 및 초지 이용, 비상시에만 최단기간 동안 비유기사료 급여 가능	• 100% JONA(일본 유기 &자연식품협회)가 인정하는 유기사료를 급여하되 60%에서 연차적으로 유기사료 급여비율 확대 – 1~3년: 60% – 4~5년: 75% – 6~7년: 90%
전환 기간	• 소: 12개월(송아지 6개월) • 젖소: 3개월 • 돼지: 6개월 • 계란: 6주	• 젖소: 12주 • 계란: 6주 • 돼지 · 축우 · 양 : 분만 전 12주	• 젖소: 12개월 • 계란: 부화 후 2일부터 • 축우: 3년차 이상 유기축산에서 사육	• 축우: 생후 7일 이후부터 • 젖소: 300일 이상 • 계란: 산란 4개월 전
사육 환경	• 초식가축의 경우 초지, 다른 가축의 경우 개방지 필수 ※전통적으로 초지접근이 어려운 경우 예외	• 특정한 경우를 제외하고 전 가축에 대하여 방목기간 중 방목허용	• 개방지 접근 및 자연일광 • 반추가축은 초지방목	• 가능한 넓은 공간 확보 • 축우: 20a/두 • 초식가축: 10a/두 • 가금류: 25수/a
건강 관리	• 천연약제로 치료 불가시 주사제와 치료제 허용 ※질병치료 이외의 사용 금지	• 질병발생시 다른 방법에 의한 치료가 불가능한 경우 약품사용 가능 ※질병의 원인 불명 시 약품사용 금지	• 질병 발생 시 치료 허용 ※ 질병 발생 시 치료를 하지 않을 경우 인가취소	• 예방목적의 동물약품 · 호르몬제 · 항생제 · 발정촉진제 사용금지 ※원칙적으로 항생제 등 동물용 약품 사용 불허
항생 물질	• 법적 휴약기간의 2배 준수 시 사용가능 – 최소 48시간 이상	• 생산자가 표시한 휴약기간의 3배 이상 준수 시 사용가능 – 최소 14일 이상	• 사용가능, 단, 비유기 및 임신 말기, 산란기에 투여 시 유기축산물로 판매금지	• 사용금지

구충제	• 법적 휴약기간의 2배 준수 시 사용가능	• 질병증상 발견 시에는 사용가능, 단, 정기적 투여는 금지	• 기생충 만연 시 사용가능 – 단, 비유기 및 임신말기, 산란기에 투여 시 유기축산물로 판매금지	• 언급사항 없음

표 6. 유기양계 시설/환경 기준

분 야		한국의 유기축산 규정	외국의 유기축산 규정
닭	전환기간	• 육계 – 일반육계: 부화 후 7주 – 삼계탕용: 부화 후 3~4주 • 산란계: 병아리 입추 후 5개월	• 산란계 – OCFA: 4개월 이상 – IFOAM: 30일 이상 – COABC: 3개월 이상
	축사 내 사육밀도	• 육계: 0.07㎡/수 • 산란성계: 0.22㎡/수 • 산란육성계(1.5kg 이하) : 0.16㎡/수 • 종계: 0.22㎡/수	• COABC: 0.2㎡/수
	운동장 및 방목지	• 권장사항	• EU 혹은 COABC – 육계: 580수/ha, 산란계: 230수/ha • Ireland – 육계 500수/ha, 산란 계: 140수/ha
	사 료	• 유기사료 80% 이상	• 유기사료 – IFOAM: 80% 이상 – CAC: 80% 이상

1. EU의 유기양계 기준

유럽에서 유기농법기준은 EU의 기준, EU 가맹국들의 독자적으로 마련한 기준, 각 나라의 유기농법단체가 자주적으로 책정한 기준 등 세 가지가 있다. 따라서 현재 유기농법단체의 기준에서 각 국가단위의 기준 그리고 EU의 기준으로 차례차례 쌓아 올라가서 제도적으로 통일시키는 형식을 갖추고 있다.

✚ 사료

- 가능한 유기사료를 공급하여야 하며 구입사료는 건물 중량으로 총 사료소요량의 20%를 초과할 수 없다.
- 단백질사료는 가능한 한 콩과곡물로 만들어져야 하고 동물에서 유래되는 사료는 제외되어야 한다.

✚ 사료첨가제

- 가축에 급여하는 첨가제로서 사용이 허가되는 것은 효모, 해초칼라, 약초혼합, 광물질혼합 비타민 조제품 등이다.

✚ 입지조건과 축사구조

- 축사의 모양은 가축의 행동과 운동을 하는 데 있어 불필요하게 방해하는 일이 없도록 만들어야 한다.
- 가축이 충분히 자유롭게 움직일 수 있는 축사를 최우선적으로 마련하여야 한다.
- 산란계 사육 시 케이지사육은 금지되며, 대량사육에 있어 평지사육의 경우는 1㎡당 최대 4.5수까지, 입체사육의 경우는 공간에 휴식장소를 마련해 주어야 한다.

✚ 가축의 사양규모

- 돼지와 닭의 사양은 자가사료 생산기반이 갖추어져야 하며 추가적으로 최대 20%의 사료구입은 인정하되 유기농법에서 생산된 것을 구입하여야 한다.
- 가축의 영양은 이 재배기준에 따라 생산된 품질이 좋은 사료를 바탕으로 하여야 한다.
- 구입사료는 자가사료 생산기반을 보충하는 역할을 할 뿐이며, 유기농법에서 생산된 것이어야 한다.
- 화학적 처리는 특별한 경우에 한하며 그 대신 가능한 한 자연적 처리와 약 사용으로 제한한다.

2. 미국의 유기양계 기준

미국의 유기식품생산법(Organic Food Production Act)은 '90년 농업법안의 하나로 채택이 되었으며 USDA 농업마케팅서비스(AMS: Agricultural Marketing Service)에 의해 운영이 되는 미국 유기식품 프로그램(National Organic Program)의 근거가 되었다. 미 농무성은 '00년 1월에 유기육류에 대한 판매를 승인한 바 있고 '00년 3월에 유기식품의 정의, 인증, 표시 등을 규제하는 법령안을 제정하여 '00년 12월 최종안을 확정, 공포하였다.

✚ 사육기준

- 가금류는 생후 2일째부터 유기적 시스템에서 사육되어야 하는데, 새로운 가축무리의 딱 한 번 전환은 예외이다.
- 하루된 병아리만 제외하고 유기농의 유래가 아니면 도살가축을 전혀 허용하지 않는다.
- 가축갱신이나 가축사육 확대의 경우에는 사육 가축의 경우 전체의 40%까지 가능하다.
- 가축과 경작지를 동시에 전환할 때 전환기간을 줄이는 것이 불가능하다.

✚ 사료생산

100% 유기사료를 급여해야 하며 검사기관이나 해당관청에서 인정하는 비상시의 경우를 제외하고는 유기농에서 생산되지 않은 사료를 급여할 수 없다.

3. 일본의 유기양계 기준

일본은 현재 유기농산물지침(JAS에 포함)은 발효되어 시행되고 있지만 유기축산물의 지침은 세워져 있지 않다. 따라서 독자적인 46개 인증기관이 자체인증기준을 통하여 유기축산을 인증하고 있으며, 일본의 대표적인 인증기관의 하나인 JONA(일본 유기 & 자연식품협회)의 인증안은 다음과 같다.

✚ 일반 사양조건

- 가축의 자유스러운 행동을 가능하게 하기 위하여 가능한 한 넓은 공간을 확보해야 하며, 대형초식동물(소)은 1두당 20a, 중형초식동물(양)은 1두당 10a, 가금류(닭)는 1a당 25수 정도를 기준으로 한다.
- 계사에는 신선하고 충분한 공기를 공급해야 하며 가능한 한 가축에 있어서 쾌적한 환경을 만들기 위하여 일조의 조절, 방풍, 온도, 습도조절을 해야 한다.
- 가축의 생리적 욕구를 만족시키기 위하여 충분히 휴식할 수 있는 장소를 확보해야 한다.
- 가축의 필요에 따라 요구를 충분히 만족시킬 수 있는 신선한 물과 사료를 급여해야 하며 이 경우 가축이 자유스럽게 물과 사료를 섭취할 수 있는 시스템이 갖추어져야 한다.
- 가축의 건강유지를 위하여 병에 대한 저항력을 키우는 것은 매우 중요하며 가능한 한 자연환경에 가까운 상태를 만들어야 한다.
- 부리제거 및 기타 신체손상은 인정하지 않으며 번식방법은 자연교배를 기준으로 한다.

✚ 사료

- 모든 가축사료는 「유기기준」에 의해 생산 및 제조 · 가공된 것을 사용해야 하며 유기식품 부산물을 가축사료의 보조제로 첨가하여 이용하는 것은 인정한다.
- 가축의 음료, 사료 등에 성장촉진제, 합성식욕증진제, 합성보존료, 착색제, 요소, 동물의 분뇨, 도살장 폐기물 및 동물성 부산물, 핵산

등에 의해 유출된 사료, 대두 등의 기름물질, 화학약품이 첨가된 것, 유전자 공학에 의해 만들어진 생물체(동물, 식물 등) 및 그것에서 유래한 유기물 등의 물질을 포함해서는 안 된다.

- 화학합성된 사료의 방부제는 사용해서는 안 되나 미생물, 균류 및 효소, 식품산업의 부산물(당밀 등), 식물을 기초로 한 방부제는 사용가능하다.

✚ 보조제

- 사료용 암염(Rock Salt)은 그 공급원을 묻지 않고 사용을 허가한다.
- 골분, 인산칼슘 또는 석회석, 약석회 등의 탄산칼슘은 사용을 허가하며 산화마그네슘, 해조류, 미네랄 및 미량요소 등은 천연공급원의 것만 사용을 허용한다.
- 비타민류는 천연물(발아한 곡물, 양조용 이스트 등)을 공급원으로 해야 하며 화학합성된 성장촉진제의 급여는 금지한다.

✚ 가축의 도입

- 유전자조작에 의하여 만들어진 품종 및 그 교배는 금지하며 식육용의 가축은 유기축산농장에서 생산되어야만 한다.
- 생후 하루된 병아리는 어느 공급원으로도 도입 가능하다.
- 식육용으로 도입된 가축은 그전 사육기간 동안 유기적인 방법으로 사육되지 않는 한 유기축으로 출하하는 것은 불가능하다.

✚ 수의약품

- 예방목적의 화학약품 등은 일상적인 사용을 금지하며 모든 성장호르몬, 번식촉진, 배란유발을 위한 약품, 자연성장을 억제약품, 항생물질, 발정유발과 발정동기화 호르몬 등은 사용을 금지한다.
- 백신의 사용은 축산농장 주변의 질병이 만연하여 별도의 방법으로 제어가 불가능한 경우에만 JONA 판정위원회의 승인에 의하여 허가되며 다만 법적인 사용이 의무화되어 있는 백신의 사용은 허가한다.
- 소독의 경우 비누, 생분해성세제, 가성알칼리용액, 탄산알칼리, 가성알칼리, 석회석 등은 사용이 가능하다.

4. 한국의 유기양계 기준

2001년 7월부터 시행 중인 국내 유기축산규정(친환경농업육성법시행규칙 제9조 인증기준 관련 2)을 구체적으로 살펴보면 다음과 같다.

✚ 유기축산의 일반원칙

- 가축은 기후와 토양이 허용되는 한 노천구역에서 자유롭게 방사할 수 있도록 하여야 한다.
- 가축 사육두수는 해당농가에서의 유기사료 확보능력, 가축의 건강, 영양균형, 환경영향 등을 고려하여 적절히 정하여야 하고, 가축의 생리적 요구에 필요한 적절한 사양관리 체계로 스트레스를 최소화하면서 질병예방과 건강유지를 위한 가축관리를 하여야 하

며 가축질병방지를 위한 조치를 취했음에도 불구하고 질병이 발생하였을 때는 수의사의 처방에 따라 치료용 동물용 의약품을 사용할 수 있다.

✚ 사육장 및 사육조건

- 충분한 활동면적이 확보되어야 하며 충분한 환기 및 채광으로 쾌적한 환경이 조성되어야 한다.
- 청결하고 위생적인 시설이 확보되어야 하며 신선한 음수를 상시 급여할 수 있어야 한다.
- 혹한 · 혹서 및 강우로부터 가축을 보호할 수 있어야 하며 사료와 음수는 접근이 용이해야 한다.
- 공기순환, 온 · 습도, 먼지 및 가스농도가 가축건강에 유해하지 아니한 수준으로 유지되어야 하고, 건축물은 적절한 단열 · 환기시설을 갖추어야 한다.
- 축군의 크기와 성에 관한 가축의 행동적 요구를 고려해야 하며 운동장에는 부분적으로 지붕을 설치하고 가축의 생리적 조건 · 기후조건 및 지면조건에 따라 언제든지 접근할 수 있어야 한다.
- 계사의 바닥은 부드러우면서도 미끄럽지 아니하고, 청결 및 건조하여야 하며, 충분한 휴식공간을 확보하여야 하고, 휴식공간에서는 건조 깔짚을 깔아 주어야 한다.
- 가금은 개방조건에서 사육되어야 하고, 기후조건에 따라 노천구역에 접근이 가능하여야 하며, 케이지에서 사육은 금지한다.
- 물오리류는 기후조건에 따라 시냇물 · 연못 또는 호수에 접근이 가능해야 한다.

✚ 번식방법

- 종축을 사용한 자연교배를 권장하되, 인공수정을 허용할 수 있다.
- 수정란이식기법이나 번식호르몬 처리는 허용되지 아니한다.
- 유전공학을 이용한 번식기법은 허용되지 아니한다.

✚ 사료 및 영양관리

- 유기축산물의 생산을 위한 가축은 100% 유기사료를 급여하여야 한다.
- 단위가축에게는 반드시 거친 조사료를 일정량 급여하여야 하며 유기사료 및 유기사료가 아닌 사료를 일정비율 급여할 경우에도 유전자 변형농산물 또는 유전자 변형농산물로부터 유래한 것이 함유되지 아니하여야 한다.
- 다음에 해당되는 물질을 사료에 첨가하여서는 안 된다.
  - 가축의 대사기능 촉진을 위한 합성화합물
  - 우유 및 유제품과 어류 및 어류부산물을 제외한 동물성 사료
  - 합성질소 또는 비단백태질소화합물
  - 항생제, 합성항균제, 성장촉진제 및 호르몬제
  - 그 밖의 인위적인 합성 및 유전자조작에 의해 제조 · 변형된 물질

✚ 질병관리 및 동물복지

- 가축의 기생충감염 예방을 위한 구충제 사용과 가축전염병이 발생하거나 퍼지는 것을 막기 위한 예방백신을 사용할 수 있다.

- 예방관리에도 불구하고 질병이 발생한 경우 수의사의 처방에 의하여 질병을 치료할 수 있다. 이 경우 동물용의약품을 사용한 가축은 해당 약품 휴약기간의 2배가 지나야만 유기축산물로 인정할 수 있다.
- 약초 및 미량물질을 이용하여 치료를 할 수 있다. 그러나 질병이 없는데도 동물용 의약품을 정기적으로 투여하거나, 생산성 촉진을 위해서 성장촉진제 및 호르몬제를 사용하여서는 안 된다. 다만, 호르몬 사용은 치료목적으로만 수의사의 관리하에서 사용할 수 있다.
- 부리 자르기와 같은 행위는 일반적으로 수행되어서는 안 되며 다만, 안전을 목적으로 하거나 가축의 건강과 복지개선을 위해 필요한 경우에 한하여 적절한 마취를 실시하고 이를 수행할 수 있다.

✚ 축산분뇨의 처리

- 축산분뇨를 퇴비 또는 액비로 자원화 하여 초지나 농경지에 환원함으로써 토양 및 식물과의 유기적 순환관계를 유지하여야 한다.
- 가축분뇨 처리시설의 설치 및 관리에 대하여 가축분뇨 관리 및 이용에 관한 법률의 규정을 준수하여야 한다.
- 축분퇴비 및 액비는 표면수 오염을 일으키지 아니하는 수준으로 사용하되, 장마철에는 시용하지 아니하여야 한다.

Ⅲ. 한국형 유기양계의 특징

표 7. 한국형 유기양계의 기술 특징

항 목	주요 내용
입지여건	• 유기 적합운동장 및 목초지 제공이 원활한 지역 • 방사계군에게 스트레스 유발요인이 적은 지역: 소음, 농기계, 야생동물 등 • 부산물, 자가사료, 유기깔짚 등의 공급이 원활한 곳 • 질병차단, 예방에 적합한 지역
사육규모	• 가족농 관리가능 규모로 육계: 2,000수 내외, 산란계: 1,000수 내외 • 계군의 근접관리가 가능한 규모 • 질병방제, 예방에 적절한 규모
사양관리	• 병아리 시기에 체온유지, 방한 · 방서 관리에 유의 • 야생동물, 고양이, 야조류의 공격 예방 • 조사료, 토사 등에 대한 적응력 배양
사 료	• 운동증가, 체온조절 등에 필요한 에너지 추가공급 • 항병력을 배양할 수 있는 유기사료 첨가제 활용 • 성장률 및 산란율 둔화에 연동된 기별 사료 급여
양축가	• 유기란의 위생관리 능력 겸비 • 질병의 감염 차단 및 예방 관리능력 겸비 • 각종 관리기록의 기입 및 유지 관리능력 보유

1. 유기양계의 단계별 기준

✚ 유기양계의 사전준비

(1) 유기양계 대상계군의 선발

- 주어진 환경이나 여건에 적합한 계군을 미리 선발 · 육종하여 유기양계로 전환 활용할 수 있도록 한다.
- 계군의 능력개량은 시간이 소요되므로 미리 대비하는 것이 바람직

하며 지속적으로 품종의 개량사업을 수행하여야 한다.

- 대상계군의 선발 시 고려사항은 다음과 같다.
  - 항병력이 강한 계통이나 품종 선발
  - 조악한 사료에 적응력이 뛰어난 계통 선발
  - 성장속도가 적절하고 옥외사육에 적합한 품종 선발
  - 추위나 더위, 옥외 스트레스에 적응능력이 우수한 계통 선발

✚ 유기양계의 사양기술

(1) 사양기술

- 옥외 방사 사육 시 부족하기 쉬운 영양소 급여에 유의하여야 한다.
- 옥외 사육으로 인한 사료의 균일급여 및 허실방지에 유의하여야 한다.
- 운동에 소요되는 에너지 단백질을 추가급여 한다.
- 생산성 감소에 대비해서 일일사료급여 수준을 변화해준다.

(2) 관리기술

- 어미닭이 어린 병아리를 잘 보살필 수 있도록 여건을 제공하고 인공 부화된 병아리의 경우 보온 등의 관리에 유의한다.
- 방목 및 방사과정에서 야생조류 및 동물에 대한 피해를 방지할 수 있도록 대책을 수립한다.
- 질병방제나 해충구제를 위한 천연 및 민간 등의 대중요법을 개발한다.
- 닭의 자연생리에 적절한 횃대, 산란상자, 둥우리 및 모래욕장 등의 시설을 설치해준다.

- 산란계의 조명은 최대한 자연일광을 활용하되 규정에 따라 인공점등이 가능하다.

Ⅳ. 유기양계 관리요령

표 8. 주요 관리영역별 유기양계의 기술특징

관리영역	유기 양계기술의 특징
양계준비	• 토지 및 계사에 대한 유기전환이 선행되어야 하는 등 사육 전 많은 준비 필요
계군관리	• 집단사육에 따른 추가 관리요인(식우증,[9] 투쟁 등) 발생 • 암수 자연교배에 따른 번식관리 유의 • 방사 및 야외활동 시 유해동물 및 해충으로부터 계군관리 필요 • 방사로 소규모 계군의 경우 관리비용 감소
집란관리	• 수동집란 및 그 처리에 따른 추가 노동력 발생
사료관리	• 목초지 방사양계의 경우 유기목초지 관리 및 방목기술 필요 • 유기배합사료의 저장관리에 유의 • 목초지 방목 시 목초 및 목초지 유충의 섭식으로 사료비 절감
방역관리	• 질병 차단이나 예방을 위한 자연적 방역기술 필요 • 방목이나 방사로 계군의 질병 관리비용과 시간 감소 가능
번식 및 육종	• 자연교배로 번식 관리비용과 시간 감소 가능 • 유기규정에 따라서는 현대 번식기술(인공수정) 활용 불가 • 선발육종이나 자연교배로 계군 개량속도 지연
계분처리	• 유기목초지 충분 활용 시 계분 추가처리 불필요
생산성 관리	• 유기전환으로 인한 닭의 생산성 감소에 대비 필요 • 육계의 출하 전 최소 사육기간 지정 시 증체속도 지연 필요

9 Feather Picking [食羽症]: 특히 케이지에 사육하는 닭에서 발생하는데 밀사(密飼), 환기불량, 영양불균형, 외부기생충 등 여러 가지 원인으로 인하여 다른 개체의 깃털을 쪼아먹는 행위를 말한다.

1. 일반원칙

- 가축 사육두수는 해당농가에서의 유기사료 확보능력, 가축의 건강, 영양균형 및 환경영향 등을 고려하여 적절히 정하여야 한다.
- 가축의 생리적 요구에 필요한 적절한 사양관리체계로 스트레스를 최소화하면서 질병예방과 건강유지를 위한 가축관리를 하여야 한다.
- 가축 질병방지를 위한 적절한 조치를 취하였음에도 불구하고 질병이 발생한 경우에는 가축의 건강과 복지유지를 위하여 수의사의 처방 및 감독하에 치료용 동물용의약품을 사용할 수 있다.
- 전환기간 동안의 경영 관련 자료를 보관하고 국립농산물품질관리원장 또는 인증기관이 열람을 요구하는 때에는 이에 제시하여야 한다.
  - 가축입식 등 구입사항과 번식내용
  - 질병발생 및 예방관리계획
  - 퇴비 · 액비의 살포량 및 시용일자 등 토양관리 상황
  - 사료의 생산 · 구입 및 급여내용
  - 격리기간을 포함한 특정목적을 위하여 투여되는 처치 · 동물약품 · 첨가제 · 예방접종 등 약품사용 및 질병관리의 내용
  - 유기축산물의 생산량 · 출하량, 출하처별 거래내역 및 도축 · 가공업체 내용
- 국립농산물품질관리원장 또는 인증기관이 심사를 위하여 필요한 정보를 요구하는 때에는 이를 제공할 수 있어야 한다.

2. 사육장 및 사육조건

사육장 주변으로부터의 오염우려가 없는 지역으로서 토양환경보전법 시행규칙 별표2의 규정에 의한 '가' 지역의 토양오염우려기준을 초과하지 아니하여야 한다.

축사 및 방목에 대한 세부요건은 다음과 같다.

✚ 축사의 조건

(1) 축사는 다음과 같이 가축의 생물적 및 행동적 요구를 만족시킬 수 있어야 한다.

- 사료와 음수는 접근이 용이할 것
- 공기순환, 온 · 습도, 먼지 및 가스농도가 가축건강에 유해하지 아니한 수준 이내로 유지되어야 하고, 건축물은 적절한 단열 · 환기시설을 갖출 것
- 충분한 자연환기와 햇빛이 제공될 수 있을 것

(2) 사육장은 주변으로부터의 오염우려가 없는 지역으로서 가축의 복지를 위하여 다음의 요건을 갖추어야 한다.

- 충분한 활동면적이 확보되어 있을 것
- 충분한 환기 및 채광으로 쾌적한 환경이 조성될 것
- 청결하고 위생적인 시설이 확보되어 있을 것
- 신선한 음수를 상시 급여할 수 있을 것

- 혹한 · 혹서 및 강우로부터 가축을 보호할 수 있을 것
- 축사 바닥은 부드러운 구조일 것
- 축산분뇨의 처리시설이 자원화방법으로 되어 있을 것(현행과 같음)

그림 1. 자연농법 계사의 내 · 외부

자연농법 계사

자연농법 계사 내부

(3) 축사의 밀도조건은 다음 사항을 고려하여 국립농산물품질관리원장이 정하는 사육두수를 유지하여야 한다.

- 가축의 품종 · 계통 및 연령을 고려하여 편안함과 복지를 제공할 수 있을 것
- 축군의 크기와 성에 관한 가축의 행동적 요구를 고려할 것
- 자연스럽게 일어서고 앉고 돌 수 있으며, 뻗고 날갯짓을 하는 등 충분한 활동공간이 확보될 것

그림 2. 유기양계 계사 내부

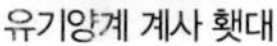

유기양계 계사 횃대

유기양계 계사 산란상

(4) 축사 · 농기계 및 기구 등은 청결하게 유지하고 소독함으로써 교차감염과 질병감염체의 증식을 억제하여야 한다.

(5) 축사의 바닥은 부드러우면서도 미끄럽지 아니하고, 청결 및 건조하여야 하며, 충분한 휴식공간을 확보하여야 하고, 휴식공간에는 건조깔짚을 깔아 주어야 한다.

(6) 축사는 짚 · 톱밥 · 모래 또는 잔디와 같은 깔짚으로 채워진 건축공간이 제공되어야 하고, 가금의 크기와 수에 적합한 횃대의 크기 및 높은 수면공간을 확보하고 산란계는 산란상자를 설치하여야 한다.

(7) 산란계의 경우 국립농산물품질관리원장 또는 인증기관이 부여한 시간의 범위 내에서 자연일조시간을 인공광에 의하여 연장할 수 있다.

✚ **방목의 조건**

- 가금은 개방조건에서 사육되어야 하고, 기후조건에 따라 노천구역에 접근이 가능하여야 하며, 가능한 케이지에서 사육하지 아니하여야 한다.
- 물오리류는 기후조건에 따라 시냇물 · 연못 또는 호수에 가능한 접근이 가능해야 한다.

✚ 유기가축과 비유기가축의 병행생산은 다음의 경우에 한하여 허용할 수 있다.

- 유기축산물 인증을 받을 농장의 가축은 일반가축(무항생제 사육가축 포함)과 동일 축사 내에서 사육되지 않아야 한다.
- 유기가축, 사료취급, 약품투여 등은 비유기가축과 구분하여 정확히 기록관리 보관하고 있어야 한다.
- 인증가축은 비유기가축 사료, 금지물질 저장, 사료공급 · 혼합 및 취급지역에서 안전하게 격리되어야 한다.

3. 가축의 선택, 번식방법 및 입식

✚ 가축은 유기축산 농가의 여건 및 다음 사항을 고려하여 사육하기 적합한 품종 및 혈통을 골라야 한다.

- 가축은 품종별 특성을 유지하여야 하고, 내병성이 있을 것

• 축종별로 주요 가축전염병에 감염되지 아니하여야 하고, 특정 품종 및 계통에서 발견되는 스트레스증후군 및 습관성유산 등의 건강상 문제점이 없고 내병성이 있을 것

(1) 교배는 종축을 사용한 자연교배를 권장하되, 인공수정을 허용할 수 있다.

(2) 수정란이식기법이나 번식호르몬 처리, 유전공학을 이용한 번식기법은 허용되지 아니한다.

(3) 다른 농장에서 가축을 입식하고자 하는 경우 해당 가축은 유기축산 기준에 맞게 사육된 가축이어야 한다. 다만, 이를 확보할 수 없는 때에는 다음의 경우에 한하여 국립농산물품질관리원장 또는 인증기관의 승인을 받아 일반 가축을 입식할 수 있다.

• 부화 직후의 가축인 경우
• 가축의 품종 및 번식방법이 (1) 내지 (3)의 규정에 적합한 경우

4. 전환기간

✚ 일반농가가 유기축산으로 전환하거나, 유기가축이 아닌 가축을 유기농장으로 입식하여 유기축산물을 생산 · 판매하고자 하는 경우에는 아래의 전환기간 이상을 유기축산물 인증기준에 의하여 사육하여야 한다.

✚ 방목지, 노천구역 및 운동장 등의 사육여건이 잘 갖추어지고 유기사료의 급여가 100% 가능할 때 국립농산물품질관리원장 또는 인증기관은 위 전환기간 10% 내에서 기간을 단축할 수 있다.

✚ 제1호에 전환기간이 설정되어 있지 않은 축종은 해당축종과 생육기간 및 사육방법이 비슷한 축종의 전환기간을 적용한다. 단, 생육기간 및 사육방법이 비슷한 축종을 적용할 수 없을 경우 국립농산물품질관리원장이 별도 전환기간을 설정한다.

표 9. 가금류의 유기축산 전환기간

축 종	생산물	최소 사육기간
육 계	식 육	입추 후 출하 시까지(최소 6주 이상, 단 삼계탕용은 3주 이상)
산란계	알	입추 후 5개월
오 리	식 육	입식 후 출하 시까지(최소 6주 이상)
	알	입식 후 5개월

5. 사료 및 영양관리

✚ 유기축산물의 생산을 위한 가축은 100% 유기사료를 급여하여야 한다.

✚ 유기축산물 생산과정 중 심각한 천재 · 지변, 극한 기후조건 등으로 인하여 유기사료 급여가 어려운 경우는 국립농산물품질관리원장 또는 인증기관은 일정 기간 동안 유기사료가 아닌 사료를 일정비율로 급여하는 것을 허용할 수 있다.

✚ 유기사료 및 유기사료가 아닌 사료를 일정비율 급여할 경우에도 유전자변형농산물 또는 유전자변형농산물로부터 유래한 것이 함유되지 아니하여야 한다. 다만, 국립농산물품질관리원장이 정한 범위 내에서 비의도적인 혼입은 인정될 수 있다.

✚ 유기배합사료 제조용 단미 및 보조사료는 별표 1 제1호 나목의 자재 기준과 같다.

✚ 다음에 해당되는 물질을 사료에 첨가하여서는 아니 된다.

- 가축의 대사기능 촉진을 위한 합성화합물
- 합성질소 또는 비단백태질소화합물
- 항생제 · 합성항균제 · 성장촉진제 및 호르몬제
- 그 밖에 인위적인 합성 및 유전자조작에 의해 제조 · 변형된 물질

✚ 지하수의 수질보전 등에 관한 규칙 제11조 규정에 의한 생활용수 수질기준에 적합한 신선한 음수를 상시 급여할 수 있어야 한다.

6. 동물복지 및 질병관리

✚ 가축의 질병은 다음과 같은 조치를 통하여 예방하여야 한다.

- 가축의 품종과 계통의 적절한 선택
- 질병발생 및 확산방지를 위한 사육장 위생관리

- 비타민 및 무기물 급여를 통한 면역기능 증진
- 지역적으로 발생되는 질병이나 기생충에 저항력이 있는 종·품종의 선택

✚ 가축의 기생충감염 예방을 위하여 구충제 사용과 가축전염병이 발생하거나 퍼지는 것을 막기 위한 예방백신을 사용할 수 있다.

✚ 법정전염병의 발생이 우려되거나 긴급한 방역조치가 필요한 경우 우선적으로 필요한 질병예방 조치를 취할 수 있다.

✚ 위의 규정에 의한 예방관리에도 불구하고 질병이 발생할 경우 수의사의 처방에 의하여 질병을 치료할 수 있다. 이 경우 동물용의약품을 사용한 가축은 해당 약품 휴약기간의 2배가 지나야만 전환기유기축산물로 인정할 수 있다.

✚ 약초 및 미량물질을 이용하여 치료를 할 수 있다.

✚ 질병이 없는데도 동물용의약품을 정기적으로 투여하거나, 생산성 촉진을 위해서 성장촉진제 및 호르몬제를 사용하여서는 아니 된다. 다만, 호르몬 사용은 치료목적으로만 수의사의 관리하에서 사용할 수 있다.

✚ 가금에 있어 부리 자르기와 같은 행위는 일반적으로 수행되어서는 아니 된다. 다만, 안전 또는 축산물 생산을 목적으로 하거나 가축의 건강과 복지 개선을 위해 필요한 경우로서 국립농산물품질관리원장 또는 인증기관이 인정하는 경우에 한하여 적절한 마취를 실시하고 이를 수행할 수 있다.

7. 운송 · 도축 · 가공과정의 품질관리

✚ 생축의 수송은 조용하고 상처나 고통을 최소화하는 방법으로 이루어져야 하며, 전기자극이나 대증요법의 안정제를 사용하여서는 아니 된다.

✚ 가축의 도축은 스트레스와 고통을 최소화하는 방법으로 이루어져야 하고, 오염방지 등을 위해 축산물가공처리법 제9조의 규정에 의한 위해요소중점관리기준(HACCP)을 적용하는 도축장에서 실시되어야 한다.

✚ 도체 및 원유 등 당해 축산물은 가공공정의 오염방지를 위하여 축산물가공처리법 제22조의 규정에 의한 위해요소중점관리기준(HACCP)을 적용(단, 농가에서 직접 가공하는 경우는 제외)하는 축산물가공장에서 가공되어야 한다.

✚ 생축의 저장 및 수송 시에는 청결을 유지하여야 하며, 외부로부터의 오염을 방지하여야 한다.

✚ 유기축산물로 출하되는 축산물에 동물용의약품이 잔류되어서는 아니 된다. 다만, 수의사 관리 하에 동물용의약품을 사용한 경우 이를 허용하되, 축산물가공처리법 제4조 제2항 단서의 규정에 잔류허용기준의 10분의 1 이하여야 한다.

✚ 유통 시 발생할 수 있는 전환기유기축산물의 변성이나 부패방지를 위하여 임의로 합성물질을 첨가할 수 없다. 다만, 물리적 처리나 천연제제는 유기축산물의 화학적 변성이나 특성을 변화시키지 아니하는 범위

내에서 적절하게 이용할 수 있다.

✚ 전환기유기축산물 포장재는 식품위생법의 관련 규정에 적합하고 가급적 생물분해성, 재생품 또는 재생이 가능한 자재를 사용하여 제작된 것을 사용하여야 한다.

8. 가축분뇨의 처리

✚ 가축사육 시 발생하는 가축분뇨는 완전히 부숙시킨 퇴비 또는 액비로 자원화하여 초지나 경지에 환원함으로써 토양 및 식물과의 유기적 순환관계를 유지하여야 한다.

✚ 가축의 운동장에서는 분뇨가 외부로 배출되지 않도록 청결히 유지 · 관리하여야 한다.

✚ 가축분뇨 퇴비 및 액비는 가축분뇨 관리 및 이용에 관한 법률의 규정을 준수하여야 한다.

표 10. 한국형 유기양계 관리기준 요약

분 야		유기양계(시행령)
시설 환경	계사면적	• 산란계 및 육계의 최대 사육밀도 기준 제시 • 수당 사육밀도 – 육계: 0.07㎡, 산란성계: 0.22㎡ – 산란육성계(1.5㎏ 이하): 0.16㎡ – 종계(2.5㎏ 이하): 0.22㎡
	계사바닥	• 시멘트, 합성구조물 등의 바닥 불허 • 계사면적, 운동장, 초지 등의 유기토지 전환
	계분관리 · 처리	• 자원화를 근간으로 하는 처리, 축산관련 및 가축분뇨법[10]에 준함(관행과 동일)
	계사시설	• 제한사육 불가능 • 자유로운 행동표출 및 운동이 가능해야 함(군사원칙) • 횃대, 산란상자 마련 • 자유 급이시설 마련
	방목지 · 운동장	• 규정사항 없음, 목초지 사육 권장
가축 관리	전환기간	• 산란계 및 육계 전환기간 준수 – 육계의 경우 부화 후 7주, 삼계용의 경우 부화 후 3~4주 – 산란계의 경우 입추 후부터 5개월 이상
	계군번식	• 종계를 사용한 자연교배 권장, 인공수정 허용, 호르몬 처리 불허 • 유전공학적 번식기법 불허
	사료 · 영양	• 유기사료 급여기준 제시, GMO불허, 성장촉진제, 항생제, 호르몬제 등 불허 • 합성, 유전자조작 변형물질 불허 • 국제식품위원회나 농림부장관이 허용한 물질사용
	질병관리	• 허가된 구충제 사용허용, 허가된 천연 예방백신 사용허용
	사양관리	• 부리 자르기 제한적 허용, 밀집사육 · 격리사육 불허 • 집약식 케이지사육불허, 산란계의 경우 인공광 최대 사용시간 제한(최대 4시간)

10 가축분뇨 관리 및 이용에 관한 법률을 말한다.

Part 07

•

유기가축분뇨의 자원화

Ⅰ. 머리말

웰빙 붐과 함께 소비자들의 건강과 식품안전에 대한 관심이 높아지면서 농축산물에 대한 구매패턴이 안전성과 품질 중심으로 급변하고 있다. 이에 따라 소비자들은 깨끗하고 안전한 축산물의 소비뿐만 아니라 자신들 먹을거리의 생산과정이 얼마나 친환경적인가에 대해서도 많은 관심을 보이고 있다. 최근 양돈산업의 성장에 큰 걸림돌이 되고 있는 만성소모성질환의 주요 원인 중 하나도 불량한 사육환경에 기인하는 것으로 인식됨에 따라 안전한 축산물의 생산은 물론 가축의 건강성 유지를 통한 질병예방을 위해서도 사육환경의 개선이 요구되고 있다. 또한 친환경적인 축산을 추구하는 데 가장 많은 어려움이 있는 가축분뇨의 처리는 축산농가뿐만 아니라 우리나라 전체의 고민거리가 되고 있다.

앞으로 우리나라의 축산업은 친환경축산을 기본으로 하는 방향으로 발전하여야 하며, 여기에 유기축산업이 함께 발전해야 하는 중요한 시점에 있다고 할 수 있다.

물론 좁은 국토에 많은 가축두수를 사육하는 현재 우리나라 상황에서는 친환경축산업의 정착이 쉽지 않을 것이라고 판단된다. 하지만 그렇기 때문에 한국 축산업이 가지고 있는 위기(危機)를 극복하는 노력이 그 어느 시기보다도 필요하다고 생각한다. 위기(危機)라는 말은 위험과 기회가 동시에 존재하는 것으로 우리나라 축산업의 발전을 위해서는 반드시 친환경축산과 유기축산업의 조기 정착을 위한 노력이 필요하다고 사료된다.

Ⅱ. 친환경축산 표준모델

친환경축산의 개념을 정의하고자 하는 목적이 우리 축산업의 지속적인 성장을 위해 나아가야 할 바람직한 모습을 제시하는 데 있음을 감안할 때, 우리 축산업이 지향해야 할 친환경축산의 이상적인 모습을 제시하되, 현실에 바탕을 두면서 장래에 실현이 가능한 수준으로 정의되어야 한다.

생산자의 입장과 축산물의 수요자인 소비자 요구를 고려한 균형 있는 정의가 필요하고, 아울러 국민들의 축산에 대한 정서와 함께 세계적인 여건 변화 추세에 대한 고려도 필요하다. 이와 같은 여건을 종합적으로 고려할 때 친환경축산의 개념은 다음과 같이 정의할 수 있다.

① 수질 · 토양 · 대기오염을 방지하여 환경을 보전하고, ② 물질의 자원순환 등을 활용하여 자연 생태계를 유지 · 보전하며, ③ 동물복지 등을 통한 자연치유력의 회복 등으로 가축의 건강한 상태를 유지, ④ 주변 자연과의 조화로 농촌의 경관을 유지함으로써 지속적인 재생산을 가능하게 하는 축산업을 말한다.

이러한 개념으로 만들어진 친환경축산 표준모델의 주요 내용은 (표 1)과 같다.

표 1. 친환경축산 표준모델 주요 내용

구 분	주요 내용
환경보전	• 악취방지시설의 설치 · 가동(허용기준: 부지경계선에서 희석배수 15 이하) • 분진 농도가 낮게 유지되도록 노력(2단계모델은 분진농도 3.4㎎/㎥ 이하) • 가축분뇨 관리는 「가축분뇨의 관리 및 이용에 관한 법률」 관련규정 준수
자원순환	• 가축분뇨는 전량 자원화하여 농지에 환원(필요 농경지 확보) • 가축분뇨 퇴 · 액비 품질은 비료관리법에 의한 비료공정규격 준수 • 가축분뇨 농지 환원과정 모니터링을 위한 관련자료 1년 이상 보관 • 가축분뇨 액비 농경지 시용 시 가축분뇨법에 의한 살포기준 준수
가축건강	〈사육장 및 사육 조건〉 • 가축 사육밀도는 무항생제축산물 인증기준 준수 • 공기순환, 온 · 습도, 먼지 등이 가축건강에 유해하지 않는 수준을 유지하고, 건축물은 적절한 단열 · 환기시설을 갖출 것 • 충분한 자연환기와 햇빛(한 · 육우, 젖소), 일정한 점등시간 및 조도기준 준수(중소가축) • 축사는 재해에 대비 구조의 안전성을 확보하고, 친환경건축자재 사용 권장 〈사료 및 영양관리〉 • 항생제가 첨가되지 않은 사료를 급여하고, 호르몬제 등 사료 첨가 금지 • 「먹는물 수질기준 및 검사 등에 관한 규칙」에 적합한 음수 상시 급여 〈동물 복지〉 • 닭은 방사를 권장하고, 케이지 사육은 제한적 허용(2단계모델은 불허) • 돼지 임신사는 모돈들이 자유롭게 활동할 수 있도록 함 • 꼬리 · 이빨 · 뿔 자르기 금지(제한적 허용, 물리적 거세 허용) 〈질병 · 위생관리〉 • 농장 HACCP 지정기준 준수
경관보전	• 일정한 녹색공간(조경수, 화단, 잔디 등 설치) 조성, 농장 명판 설치 • 축사 등 정리정돈 및 청결상태 유지 • 지역사회 및 소비자와의 유대강화
경영관리	• 농장 HACCP 지정 또는 유기축산물 인증기준에 준하는 기록관리 • 농장 HACCP 지정 농장수준 이상의 교육 · 훈련 및 컨설팅 실시

출처: 농림수산식품부('08)

• 친환경축산 표준모델 예시

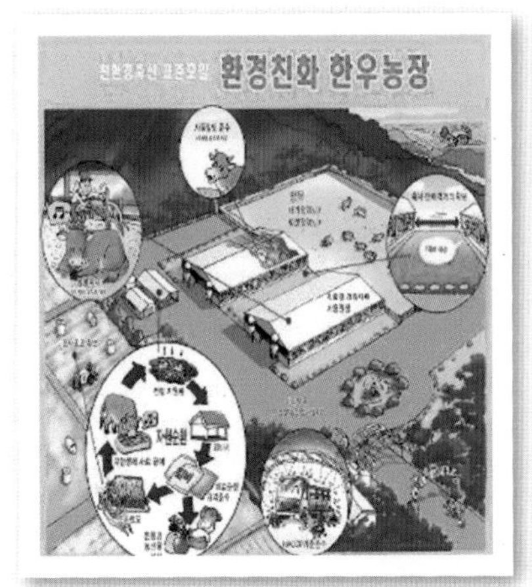

Ⅲ. 유기축산 농가에서의 가축분뇨 자원화

1. 가축분뇨 자원화

✚ 가축분뇨와 환경

최근 저탄소 녹색성장 시대에 있어서 「자연순환」 또는 「자원순환」이란 용어를 많이 접하게 된다. 각각의 사전적 정의는 특별히 규정된 것은 없으나 일반적으로 「자연순환」은 자연생태계가 중심으로 대기, 물, 토양, 생물 상호간 물질이 순환하여 생태계가 균형을 유지하는 것이며, 「자원순환」은 사회 · 경제적 활동이 중심으로 천연자원을 채취하여 생산, 유통, 소비, 폐기의 순환 과정 중에서 폐기물 등을 원재료나 에너지 등으로 다시 재사용 · 재활용 · 재제조하는 것이라 설명될 수 있다. 즉, 농업부문에서 보면 「자연순환」 또는 「자원순환」의 차이는 농산부산물(가축분뇨 등)을 자연생태의 물질순환(Cycle) 측면에서 보는가 아니면 경제활동 과정의 폐기물 재활용(Recycle) 측면으로 보는가의 차이라 할 수 있다.

더욱이, 농업은 자연생태계와 균형을 유지하면서 농산물을 생산하는 사회 · 경제적 활동임과 동시에 환경과 자원의 보전이라는 다원적 기능을 갖고 있다.

특히 친환경농업육성법 제2조에서 "친환경농업이라 함은 합성농약, 화학비료 및 항생 · 항균제 등 화학자재를 사용하지 아니하거나 이의 사용을 최소화하고 농 · 축 · 임업 부산물의 재활용 등을 통하여 농업생태계와 환경을 유지 · 보전하면서 안전한 농축임산물을 생산하는 농업을 말한다."라고 정의되어 있다. 축산에 있어서는 친환경축산농장 지정기준(농림수산식품부 고시 제2008-3호)에 환경보전을 위해 가축분뇨 적정처리 시설 설치, 가축분뇨처리장 및 운동장에 유출방지턱 설치, 가축분뇨 퇴비장 등 분뇨처리시설의 지붕 설치, 축사 운동장에 가축분뇨 유출방지용 톱밥 사용, 가축분뇨 처리시설에 악취방지시설 설치 등의 준수(제4조)와 가축분뇨 퇴 · 액비의 토양 환원을 위한 적정한 퇴 · 액비 살포 면적 확보, 시비처방서 발급 받은 후 살포, 시군 단위 퇴 · 액비 조직체 참여, 가축분뇨 퇴 · 액비 기준 등의 준수(제5조)가 명시되어 있으며, 나아가 축산농장 주변과 경관 조화를 위한 조경수 잔디 등 식재, 분뇨처리시설의 주변과 환경 조화 · 청결 유지, 농장 간판 설치 등의 준수(제6조)도 포함되어 있어 자원이용 측면뿐만 아니라 자연순환의 광의적 측면까지 강조하고 있다.

가축분뇨는 화학비료 사용이 일반화되기 이전에 부업규모의 축산이 주를 이루었던 시기에는 농촌에서 작물의 영양원 또는 토양개량제로서 주요한 자원이었다. 그러나 국민 소득증대와 식생활의 변화로 육류 소비량이 증가하여 가축사육 두수가 늘어나고, 농업의 구조변화에 따라 급격히 규모화됨으로써, 지역에 따라서는 농경지면적 대비 가축분뇨 이용량의 한계를 초과하는 경우도 발생되었다. 즉, (그림 1)에서와 같이 농경지로부터 생산된 사료(곡물, 농산부산물, 조사료 등)가 가축사육에 이용되고, 가축은 인간에게 유용한 축산물(고기, 우유, 모피 등)과 함께 지력증진에 필요한 분뇨를 생산하며, 이 분뇨는 다시 농지에 환원되어 곡물과 사료를 생산하는 밑거름이 되는 자원순환체계를 유지하는 것이 가장 바람직할 것이다.

그러나 이러한 균형이 깨어지면 환경오염문제를 일으키게 된다. 따라서 현실적 가축분뇨 관리문제의 합리적 해결 방안은 가축과 경종작물과의 자원순환체계를 어떻게 유지할 수 있을 것이냐 하는 것이며, 이에 맞추어 좋은 가축분뇨 퇴 · 액비를 생산하는 것이 가장 중요한 방법이 된다.

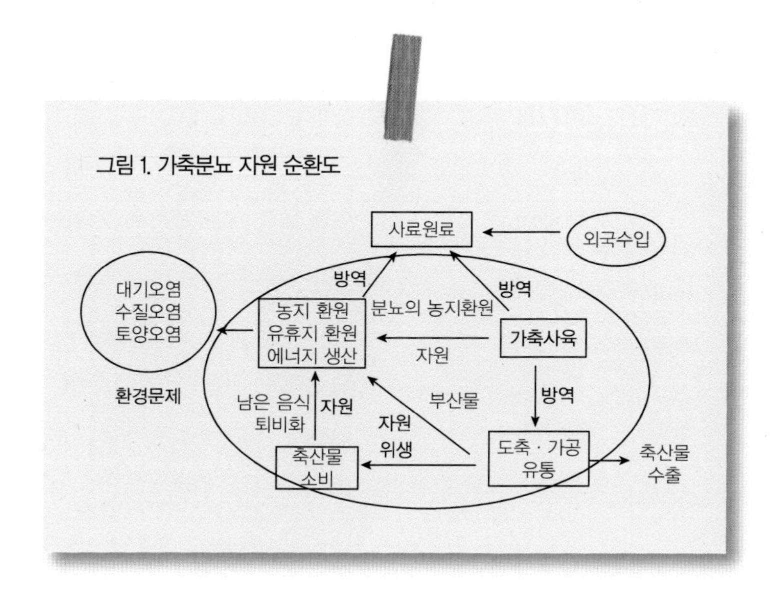

그림 1. 가축분뇨 자원 순환도

✚ 가축분뇨 자원화의 필요성

가축분뇨 자원화의 필요성에 관해서 크게 2가지로 요약할 수 있다.

첫째는 최근 세계적으로 이슈가 되고 있는 기후변화 문제와 관련한 온실가스의 배출 저감이다. 우리나라의 농업분야의 온실가스 배출량은 국가 전체 발생량의 2.5%에 지나지 않으나, 가축의 장내발효와 가축분뇨에서 발생하는 온실가스는 농업전체 발생량의 약 39%(국가 전체 발생량의 약 1%)를 차지하고 있다.

가축의 호흡과 분뇨에서 나오는 CO_2는 사료작물들이 흡수한다고 보기 때문에 축산에서는 온실가스로 보지 않는다. 하지만 축산을 위한 토지이용의 변화(예: 산림의 초지화 등)를 통해 발생하는 CO_2, 장내발효와 가축분뇨에서 발생하는 메탄(CH_4), 가축분뇨와 사료작물 재배과정에서 발생하는 아산화질소(N_2O)는 온실가스로 보고 있다. 가축에 있어서 반추동물의 반추위 소화 등 장내발효에 의한 메탄 발생은 축산분야 온실가스 배출량의 약 58%를 차지하며 나머지는 가축분뇨의 분해과정에서 배출된다.

가축분뇨에서 발생하는 온실가스의 양은 온도와 저장 시간 및 처리방법에 밀접한 관계가 있다. 따라서 온도를 낮게 하고 저장 시간을 기존에 비해 짧게 하면 처리과정에서 온실가스 배출량을 줄일 수 있다.

최근에 보급되고 있는 가축분뇨를 이용한 바이오가스 시설이 대표적인 예가 될 수 있다. 이 시설은 가축분뇨의 메탄 발생량을 극대화시켜 재생에너지(전기, 열)를 생산하는데, 이 과정에서 발생되는 CO_2는 온실 등에서 활용하고 퇴비와 액비는 농경지 등으로 환원함으로써 온실가스를 줄일 뿐만 아니라 경제적 가치를 증대시킬 수 있는 저탄소 녹색성장의 대표적 수단으로 제시되고 있다.

또 하나의 필요성은 가축분뇨의 퇴 · 액비 이용을 통한 자연순환농업의 조기 정착이다.

지금도 화학비료를 사용하여 작물을 생산하기 때문에 토양 속의 탄소량은 점점 줄어들고 땅심도 같이 약해지고 있다. 세계의 농업과 분해된 토양으로 탄소를 축적한다면 현재까지의 탄소손실 중 50~66%를 만회할 수 있다고 한다. 토양으로의 탄소축적은 화학연료 사용으로 인한 온실가스 발생량을 다시 토양으로 돌려보내는 것이며, 이것은 토양의 힘을 키우기 때문에 작물의 성장에도 도움이 되어 식량안보에 도움을 줄 수 있다. 관행농법을 이용하여 자연적 토지를 경작지로 바꿀 때 20~50% 정도의 토양유기물량의 손실이 일어난다. 하지만 토양탄소를 늘릴 수 있는 토지사용방법을 사용할 경우, 토양탄소가 1년에 1헥타르(ha=10,000㎡)당 0.3톤이 증가할 수 있고 전 세계의 경작가능지의 60%에 이러한 방법을 사용하면 수십 년간 매년 2억 7천만 톤의 탄소를 축적할 수 있다. 특히, 질소질화학비료를 생산하기 위해 소비하는 에너지는 전 세계 에너지 소비량의 약 1%를 차지하는데 가축분뇨 퇴 · 액비는 이러한 화학연료 사용량을 줄일 수 있는 효과가 있다. 따라서 인류가 화석연료를 사용하면서 배출한 온실가스를 다시 땅속으로 돌려보내기 때문에 지금 우리가 겪고 있는 온실가스로 인한 기후변화를 완화시킬 수 있는 것이다. 가축분뇨의 비료적 가치는 (그림 1)에서 설명되고 있듯이 각종 영양분을 골고루 함유하고 있어 작물에게 유용하다. 축분별 비료성분 함량은 계분>돈분>우분 순으로 높고, 비료 효율도 빠르다.

이처럼 가축분뇨는 관리에 따라 환경오염원이 될 수도 있지만 효율적 이용을 통해 자원의 재활용이라는 측면에서는 중요한 자원이 되며, 친환경농축산물 생산의 근간이 된다.

표 2. 가축분뇨의 이용효과

작물에 대한 양분공급원 효과	토양의 물리 · 화학적 개선효과	토양 중 생물상의 활성유지 · 증진
• 다량 · 미량요소의 공급원이 된다. • 완효성(비료의 효과가 천천히 나타나는 것)과 양분이 누적되어 공급되는 효과가 있다. • 탄산가스의 공급원이 될 수 있다. • 작물의 생육을 촉진할 수 있는 물질을 공급해 준다.	• 토양입단(土壤粒團, Soil Aggregate)을 형성하여 공극분포, 투수성, 보수성, 통기성 등을 개선해 준다. • CEC(Cation Exchange Capacity; 양이온교환(치환)용량)을 증대시켜 준다. • 킬레이트(유기복합체) 기능(활성 알루미늄 억제)이 개선된다. • 토양 완충능(土壤緩衝能, Buffer Effect of Soil)이 증대되어 토양 변화에 대한 저항력을 높일 수 있다.	• 중소생물, 미생물이 증가하여 다양성을 증대시켜 준다. • 토양 속 물질의 순환기능이 높아진다. • 생물적 완충기능이 증대된다. • 유해물질의 분해 및 제거 능력이 높아진다.

2. 축종별 가축분뇨 배설량 및 특성

✚ 가축분뇨의 특징

가축분뇨는 오염부하량[11]이 높고, 오염성분량은 요보다 분이 많으며, 오수는 오염농도가 높지만 생물적 처리가 가능하다. 또 질소농도가 높고, 악취가 강한 특성을 갖는다.

또한 가축분뇨의 양과 성분은 가축의 종류와 연령 및 체중, 사료의 종류와 양, 급수량에 따라 크게 변할 뿐 아니라 계절이나 사양관리 및 축사관리 등의 환경적 요인에 영향을 많이 받는다. 따라서 분뇨의 양과 성분을 간단히 규정짓는다는 것은 매우 어렵다.

✚ 가축분뇨 배설량 및 성분 기준

국립축산과학원에서 '08년부터 '09년까지 2년간 축종별 분뇨배설량, 비료성분 함량, 오염물질 함량 등을 국립축산과학원 및 농가현장에서 조사한 바 있다. 이 결과를 토대로 축종별 배출 원단위를 현실화하여 환경부고시를 재설정한 바 있다. 그러나 축산분뇨의 배출량, 배출분뇨의 물리적 성상 및 화학성분 조성은 농가마다 사육여건이 다르고, 같은 축종 내에서도 사육조건 및 가축분뇨처리 이용 방식에 따라 많은 차이가 발생한다. 양축 농가는 이를 참고로 하여 농가여건에 따라 적절히 조정하여 사용하는 것이 합리적이다.

11 Pollution Load [汚染負荷量]: 오수 · 폐수 중에 포함된 순수한 오염물질의 단위시간당 배출량을 말한다.

- 유기축산농가의 경우 급여사료 등이 다를 수 있기 때문에 축종별 사료급여량과 관리 방법에 따라서 분뇨발생량을 가감하여 사용하는 것이 필요하다.

표 3. 한우분뇨 발생량 및 주요 성분

구 분		송아지	미경산 암소	비육기(거세한우)	평 균
배설량	분	5.2±2.1	10.9±3.4	10.2±1.8	8.0
(㎏/일)	뇨	3.3±0.7	7.3±0.2	7.6±1.7	5.7
질소	분	0.47±0.08	0.56±0.03	0.47±0.04	0.50
(%)	뇨	0.51±0.24	1.10±0.09	0.42±0.03	0.68
인산	분	0.31±0.06	0.85±0.05	0.63±0.09	0.60
(%)	뇨	0.08±0.01	0.11±0.06	0.02±0.01	0.07
칼리	분	0.11±0.02	0.27±0.04	0.15±0.03	0.18
(%)	뇨	0.07±0.05	0.77±0.21	0.42±0.05	0.60

표 4. 젖소분뇨 발생량 및 주요 성분

구 분		육성우(6~7)	처녀우(15~16)	건유우(41~47)	착유우(54~74)	평 균
배설량	분	12.0±2.7	17.9±2.6	25.7±6.9	44.0±5.4	19.2
(㎏/일)	뇨	8.8±4.1	11.6±3.1	12.7±3.4	32.3±6.1	10.9
질소	분	0.34±0.02	0.34±0.04	0.25±0.01	0.37±0.01	0.33
(%)	뇨	1.00±0.58	0.56±0.30	0.63±0.55	1.88±0.11	1.02
인산	분	0.30±0.03	0.51±0.06	0.46±0.06	0.68±0.05	0.49
(%)	뇨	0.21±0.22	0.03±0.04	0.03±0.04	0.76±1.08	0.27
칼리	분	0.11±0.04	0.25±0.04	0.20±0.01	0.24±0.04	0.49
(%)	뇨	0.99±0.30	0.67±0.73	1.18±1.44	1.28±0.58	0.27

표 5. 돼지분뇨 발생량 및 주요 성분

구 분		자 돈	육성돈 및 비육돈(체중)			임신돈	포유돈	평 균
			58.6kg	83.2kg	111.4kg			
배설량 (kg/일)	분	0.49±0.10	0.90±0.14	1.07±0.14	1.35±0.16	0.62±0.15	1.97±0.42	0.89
	뇨	0.83±0.33	1.85±0.35	1.89±0.37	2.02±0.30	3.92±1.27	3.84±0.82	1.74
질소 (%)	분	1.02±0.12	1.16±0	0.82±0.08	0.77±0.14	1.06±0.18	0.90±0.09	0.96
	뇨	0.31±0.27	1.19±0.54	1.45±0.29	1.11±0.60	0.37±0.18	0.37±0.08	0.80
인산 (%)	분	0.67±0.09	0.67±0.12	0.59±0.11	0.61±0.12	1.64±0.38	0.82±0.20	0.83
	뇨	0.08±0.03	0.12±0.03	0.13±0.05	0.15±0.04	0.01±0.01	0.02±0.02	0.09
칼리 (%)	분	0.36±0.10	0.52±0.09	0.26±0.08	0.41±0.06	0.53±0.17	0.45±0.08	0.42
	뇨	0.54±0.16	0.70±0.10	0.45±0.11	0.65±0.11	0.29±0.08	0.53±0.12	0.53

표 6. 산란계 및 육계분뇨 발생량 및 주요 성분

구분	육 계		산란계
	♀	♂	
배설량(g/수/일)	83.6	87.3	124.7
질소(%)	1.14	1.23	1.39
인산(P_2O_5, %)	0.28	0.30	0.62
칼리(K_2O, %)	0.45	0.54	0.68

출처: 가축분뇨 발생량 및 주요 성분 재설정연구(농촌진흥청, '08)

3. 퇴비제조 원리 및 방법

✚ 퇴비화의 정의

퇴비화(Composting)는 통상적으로 유기물이 미생물에 의하여 분해되어 안정화되는 과정이다. 그 최종 물질은 환경에 나쁜 영향을 주지 않아야 하고, 토양에 사용할 수 있어야 하며, 저장하기에 충분한 부식토 상태의 물질로 변화시키는 생화학적 공정 또는 고체 폐기물의 유기성분을 인위적인 조건하에서 연속적으로 생물학적 처리를 하는 것이라고 정의한다.

유기물은 미생물에 의해 완전히 분해되면 이산화탄소, 물 및 무기물로 전환된다. 미생물에 저항성을 갖는 유기물과 분해과정 중에 새로이 합성된 물질은 부식(腐植; Humus)으로 잔류한다. 이 과정을 부숙화(腐熟化)라고 하며 부숙이 완료되는 단계를 완숙(完熟; Completely Decomposed 또는 Fully-fermented)이라고 한다.

• 입자의 적정 크기 : 0.65~2.54㎝	• 미생물의 영양분 공급
• C/N : 20~30:1 (C/P : 100~150 : 1)	• 5% 이하로 낮아지면 혐기발효 개시
• 공기 중 산소의 비율 : 12~13%	• 40% 이하일 때 미생물의 영양분 이용성 저하
• 수분함량 : 60~65%	• pH 8 이상에서 NH_3 생성
• pH : 5.5~8.5	• 용적 : 540㎏/㎥
• 자연통기 : 공극 30% 정도	• 200㎝ 이상은 통기성 불량
• 퇴적 높이 : 60~200㎝	• 최소 1회/주 이상
• 교반 : 1~2회/일	

✚ 퇴비화의 목적

퇴비는 농경지에서 안전하게 작물을 생산하기 위하여 필요 불가결한 농자재이다. 질 좋은 퇴비의 시용은 토양의 물리성 · 화학성 및 미생물상이 개선되어 작물이 생육하기에 좋은 환경을 만든다. 이와 같이 양질의 퇴비를 제조 이용하는 목적은 다음과 같다.

- 유기물 중의 C/N율(탄소/질소비율)을 20 전후로 조절함으로써 토양 중에서 급격한 분해, 작물의 질소기아를 방지한다.
- 유기물에 함유된 유해성분을 미리 분해하여 작물의 생육장해를 방지한다.
- 유기물 중의 유해해충, 잡초의 종자를 고열에 의하여 사멸시킨다.
- 오물감을 없애므로 취급이 쉬우며, 안심하고 사용할 수 있다.

그림 2. 퇴비화 과정

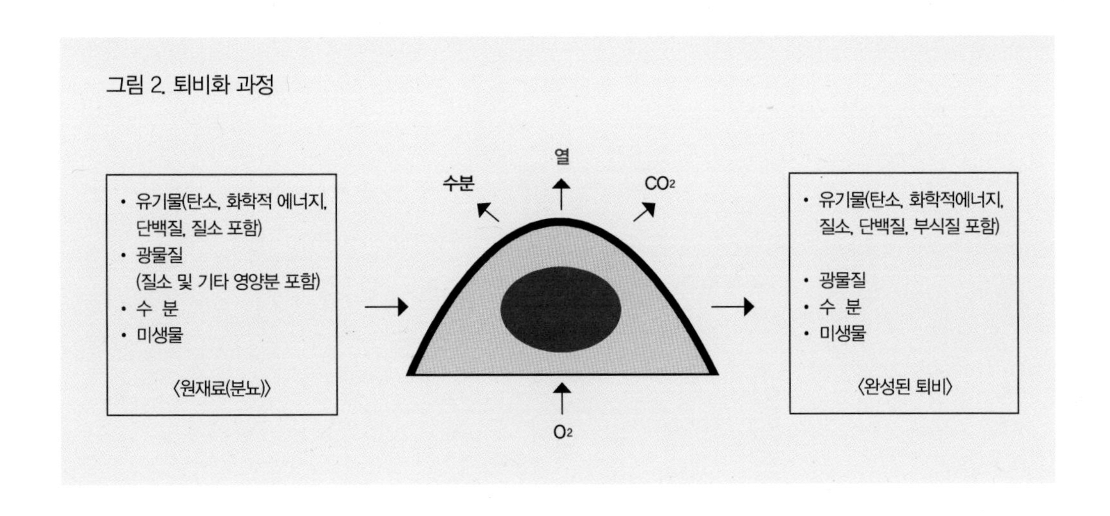

✚ 퇴비화의 조건

양질의 퇴비를 만들기 위해 관련된 퇴비화의 조건은 크게 물리적, 화학적, 생물학적 조건으로 구성될 수 있으며 화학적 조건은 가축분의 pH, 독성물질의 함량 및 퇴비화에 필요한 영양성분의 함량 등이 있으나 가축분의 경우 이들 성분상의 문제는 거의 없어 조정이 크게 요구되지는 않는 것으로 사료된다. 생물학적 조건은 퇴비화에 관련된 미생물의 활성을 조장하는 것과 미생물자체를 투입하는 방법 등이 있으나 가축분 자체에도 많은 미생물이 존재하므로 활성을 촉진시키는 것이 보다 유효한 것으로 사료된다. 그러나 직접적인 개선으로는 수분조절재의 투입과 부숙퇴비의 반송 등으로 제한되고 대부분 물리적 조건의 개선을 통해 달성된다.

물리적 조건의 개선은 다른 두 경우에 비해 조절이 용이하여 대부분의 퇴비화장치의 처리수단으로 활용되고 있다. 여기에는 함수량, 입도, 공기 등의 통기성 확보를 위한 요소, 온도와 관련된 보온 및 퇴적높이, 기질과 미생물의 접촉을 위한 혼합 등 많은 요소가 관련되어 있다.

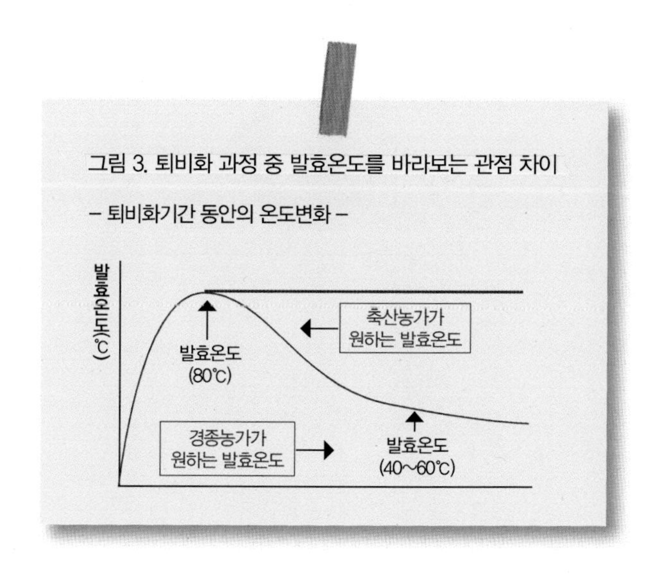

✚ 퇴비화 과정의 환경변화

퇴비화는 호기성 미생물에 의해 진행되는 부숙과정으로서 3단계로 구분된다. 일반적으로 퇴비화는 이러한 3단계 과정을 거치며 최근에 사용하고 있는 기계식 퇴비화 장치들은 모두 이와 같은 퇴비화 과정을 전제로 설계되어 있다.

(1) 1단계

가축분과 수분조절재를 혼합하면 발효가 시작되는 초기단계에는 중온성인 세균과 사상균이 유기물 분해에 관여한다. 유기물이 분해되면서 퇴비 더미 온도가 상승하는데 40℃ 이상되면 중온성 균은 사멸되고, 고온성 균이 증식한다. 초기단계에서는 원료 중에서 분해되기 쉬운 당류, 아미노산 등이 분해된다.

(2) 2단계

퇴비화 초기단계에서 중온성 미생물의 활동으로 온도가 상승하면 중온성 미생물의 활동은 정지되고 고온성 미생물의 활동이 시작된다. 고온단계에서 퇴비 더미의 온도는 50~60℃가 지속되지만 기계식 퇴비화 장치에서는 70℃ 이상의 고온이 지속되기도 한다. 일반적으로 퇴비화에 가장 적당한 온도범위는 40~55℃로 알려져 있으며 온도가 지나치게 높거나 낮은 경우는 퇴비화가 지연된다. 2단계에서는 셀룰로스(Cellulose), 헤미셀룰로스(Hemicellulose), 펙틴(Pectin) 등 난분해성 물질들이 분해되는 단계로서 고온성 미생물이 관여한다. 고온성 퇴비화 과정 전반기에는 바실러스(Bacillus)계통이, 후반기에는 Thermoacetomyces와 같은 방선균이 주된 역할을 하는 것으로 알려져 있다. 분해가 진행됨에 따라 재료의 C/N율은 안정한 상태로 낮아진다.

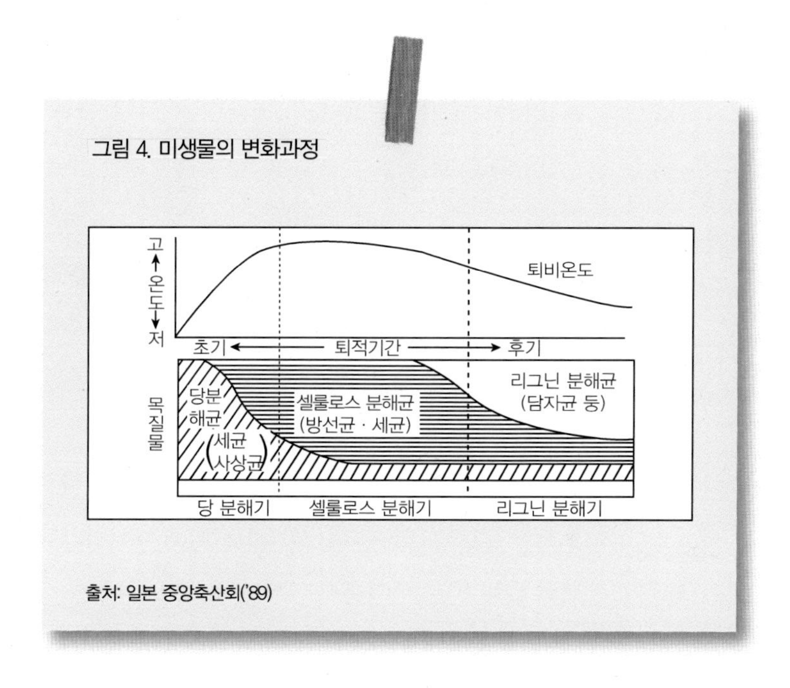

그림 4. 미생물의 변화과정

출처: 일본 중앙축산회('89)

(3) 3단계

2단계에서 고온성 미생물에 의하여 셀룰로스 같은 분해가 쉽지 않은 섬유성 유기물 분해가 완료되면 리그닌 같은 난분해성(難分解性) 유기물만 남게 되어 분해속도가 느려지고 퇴비 더미 온도도 40℃ 이하로 낮아진다. 이때 다시 중온성 미생물이 활동하게 되며 퇴비더미 온도는 1단계와 2단계의 중간온도로 지속되어 미부숙된 난분해성 유기물이 안정화 되는 기간으로 숙성단계라고도 한다. 퇴비화 초기에는 복합적인 악취를 내지만 부숙이 진행됨에 따라 퇴비 고유의 냄새를 풍기고, 퇴비가 완료되면 암갈색 내지 흑갈색으로 바뀐다.

✚ 수분조절재

(1) 수분조절재의 역할

가축분은 입자가 미세하고 수분함량이 높아 쌓아두면 눌림현상이 일어나 입자 간의 공간이 적어지고, 수분으로 채워지기 때문에 공기 이동에 제한을 받게 되어 산소부족으로 미생물의 활력이 떨어지고 결국에는 혐기상태(嫌氣狀態)가 된다. 미생물의 활동을 최적화시키기 위해서는 최소한 입자 간 공기유동을 원활하게 하고, 수분함량을 적정수준으로 조절하여야 퇴비화가 진행된다. 이러한 조건을 만족시키려면 수분흡수력이 좋고 기공이 많으면서 독성이 없는 재료는 모두 수분조절재로 사용할 수 있는데 톱밥 · 왕겨가 여기에 속한다.

- 수분조절재의 기능
  - 수분을 흡수 또는 보유로 수분 조절을 할 수 있게 한다.
  - pH 조절, C/N비율을 조절할 수 있게 한다.
  - 입자 간 매트릭스를 지지하여 퇴비형상을 유지시켜준다.
  - 혼합물 사이의 공극량과 공기량을 증가시켜준다.
  - 조절재의 사용량이 너무 많으면 관리 노동력이 많이 든다.
  - 부재료의 소요량 증가는 물량처리 비용이 증가한다.
  - 퇴비 생산량 증가로 퇴비 시용 토지 면적이 늘어난다.

(2) 수분조절재의 종류와 특성

수분조절재로 가장 많이 이용되고 있는 것은 톱밥으로, 톱밥의 특징은 수분흡수율이 왕겨나 기타제재에 비하여 높아 퇴비 더미 내 통기성을 높인다.

표 7. 수분조절재의 종류별 특성

재료명	수분(%)	수분흡수율(%)	용적중(kg/㎥)	탄소(%)	총에너지(cal/kg)
톱 밥	26.9	285.8	181	55.2	4,257
왕 겨	13.7	183.3	104	47.5	3,785
분쇄왕겨	11.9	213.5	184	47.9	3,785
팽연왕겨	17.7	268.8	235	45.6	3,772

출처: 농촌진흥청 축산과학원('96)

(3) 수분조절재의 효율적 이용

- 가축분의 수분함량을 정확하게 파악하여 최소량을 사용한다.
  - 가축분과 수분조절재를 혼합하여 퇴비화에 지장이 없을 정도의 범위까지 수분함량을 최대(65%)로 하면 절약할 수 있다. 수분조절재 소요량 산출은 아래 식으로 계산할 수 있다. 현장에서 혼합 시에는 무게를 부피로 환산하여 혼합하면 작업이 편리하다.

※ 수분조절재 소요량 계산식

$$\text{소요량(kg)} = \text{분뇨량(kg)} \times \frac{\text{분뇨 수분함량(\%)} - \text{목표수분(65\%)}}{\text{목표수분(65\%)} - \text{수분조절재 수분(\%)}}$$

예) 돈분 1㎥를 수분 65% 조절 시

(조건: 돈분의 수분함량 75, 85, 95%, 톱밥수분 25%)

- 돈분 수분함량 75% 기준 : 톱밥 1㎥ 소요
- 돈분 수분함량 85% 기준 : 톱밥 2㎥ 소요

- 돈분 수분함량 95% 기준 : 톱밥 3㎥ 소요
- 축분의 수분함량을 최대한 줄인다.
  - 축분의 수분함량이 5% 증감하면 수분조절재 소요량은 50%씩 증감하기 때문에 분뇨를 분리하면 소요량이 크게 절감된다.

표 8. 수분함량별 수분조절재 소요량

돈분 수분(%)	톱밥(kg)	지 수	왕겨(kg)	지 수
95	789	300	576	300
90	657	250	480	250
85	526	200	384	200
80	394	150	288	150
75	263	100	192	100

출처: 국립농촌진흥청 축산과학원('98)

✚ 가축분뇨 퇴비화시설의 관리요령(가축분뇨 자원화표준설계도 요약)[12]

표 9. 가축분뇨 자원화시설 처리조건

<table>
<tr><th colspan="2">구 분</th><th>방 식</th><th>처리 일수</th><th>유효 퇴적고</th><th>투입원료 함수율</th></tr>
<tr><td colspan="2">퇴비사</td><td>호 기</td><td>• 발효조: 60일
• 퇴적장: 30일</td><td>• 발효조: 2m
• 퇴적장: 2m</td><td>75%</td></tr>
<tr><td colspan="2">통풍식
톱밥발효시설</td><td>호 기</td><td>• 발효조: 15일
• 퇴적장: 45일</td><td>• 발효조: 2m
• 퇴적장: 2m</td><td>75%</td></tr>
<tr><td rowspan="2">교반식
톱밥
발효
시설</td><td>직선형
(에스컬레이터식,
로터리식,
스크루식)</td><td>호 기</td><td>• 발효조: 30일
• 퇴적장: 30일</td><td>• 발효조: 1.3m
• 퇴적장: 2m</td><td>75%</td></tr>
<tr><td>순환형
(로터리식)</td><td>호 기</td><td>• 발효조: 180일</td><td>• 발효조: 0.8m</td><td>발효조 가동초기에
톱밥을 깔고 그 위에
축분뇨 살포, 교반</td></tr>
</table>

퇴비단 여과시설	호 기	• 퇴비단 30㎥당 돈분뇨 슬러리 1㎥ 살포 • 퇴적장 : 퇴비단 용량	• 퇴비단: 1.8m • 퇴적장: 2m	돈분뇨 슬러리[13]를 퇴비단 상부에 살포
호기액비화 시설	호 기	• 젖소(분뇨 혼합식): 13일 • 돼지(분뇨 분리식): 15일 • 돼지(분뇨 혼합식): 30일 (*축사의 피트, 집수조, 액비화조, 액비저장조 합계: 180일)	• 액비화조: 4m	–
톱밥 깔짚우사의 퇴비사	호 기	• 톱밥상: 한우 30일 /젖소 12개월 • 퇴비사(발효 및 퇴적): 60일	• 2.3m	–
톱밥 함수율 (수분조절재)	톱밥의 함수율은 기후, 저장방법, 입경 등에 따라 20~30%로 차이가 있으나 톱밥의 함수율이 높으면 분의 처리량이 줄고 톱밥량이 많아져 경비가 많이 들며 퇴비의 용적이 증가되므로 가급적 수분이 적게 하여 사용한다. 설계 시 25% 적용한다.			

출처: 가축분뇨자원화표준설계도 해설서(농식수산식품부, '09)

(1) 퇴비사

축사에서 고액분리된 축분을 수분조절제(톱밥 및 왕겨 등)와 혼합하여 함수율을 조절한 다음, 퇴비사 시설의 발효조로 운반하여 호기성균을 이용 일정기간 1차 발효시킨 후, 퇴적장에서 2차 발효를 실시하는 방법이다.

12 유기축산농가의 경우 가축분뇨 자원화시설에 대한 세부적인 사항이 제시되어 있지 않으므로 현재 제공된 일반 축산농가의 가축분뇨 자원화 표준설계도를 요약 제시한다.
13 돼지액상분뇨

그림 5. 퇴비사의 처리공정도

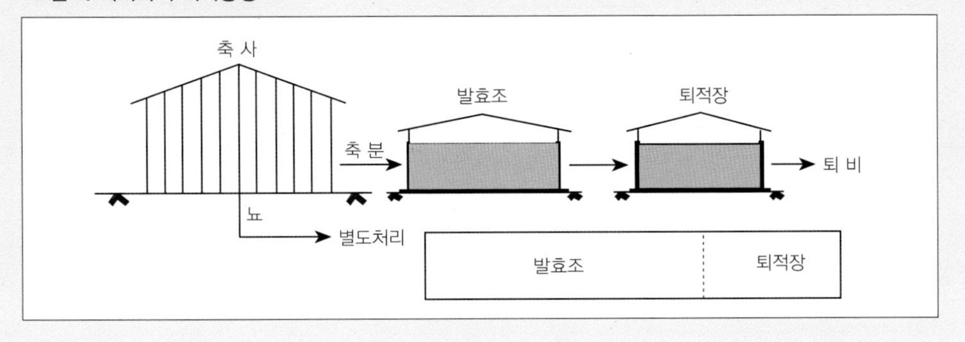

〈축사〉

① 축사 내에서 분 분리를 철저히 하고 세정수를 되도록 적게 사용하여 축분의 함수율을 최소화한다.

〈발효조〉

① 축사에서 배출되는 축분을 수분조절제(톱밥, 왕겨 등)와 혼합하면서 함수율 75% 정도로 조절하여 쌓아둔다.

② 전체적으로 고른 퇴비화를 이루기 위해 발효 중 골고루 혼합하여 준다.

③ 발효조에서 60일 정도 발효를 실시한 후 퇴적장에서 30일 정도 2차발효를 실시한다.

④ 2차발효가 완료된 퇴비는 경종농가와 계약하여 퇴비로 판매하거나 초지, 농경지에 퇴비로 사용한다. 퇴비로 사용할 때 복토를 하거나 땅을 갈아엎어준다.

⑤ 주변을 청소하여 악취 및 해충이 발생하지 않도록 하여야 한다.

(2) 통풍식 톱밥발효시설

통풍식 톱밥발효시설은 축사에서 배출된 축분을 저장조에 1차 저류하였다가 수분조절재(톱밥 및 왕겨 등)와 혼합하여 함수율을 조절한 다음, 발효시설의 발효조로 운반하여 호기성균을 이용해 일정기간 1차 발효시킨 후, 퇴적장으로 운반하여 2차 발효를 실시한다.

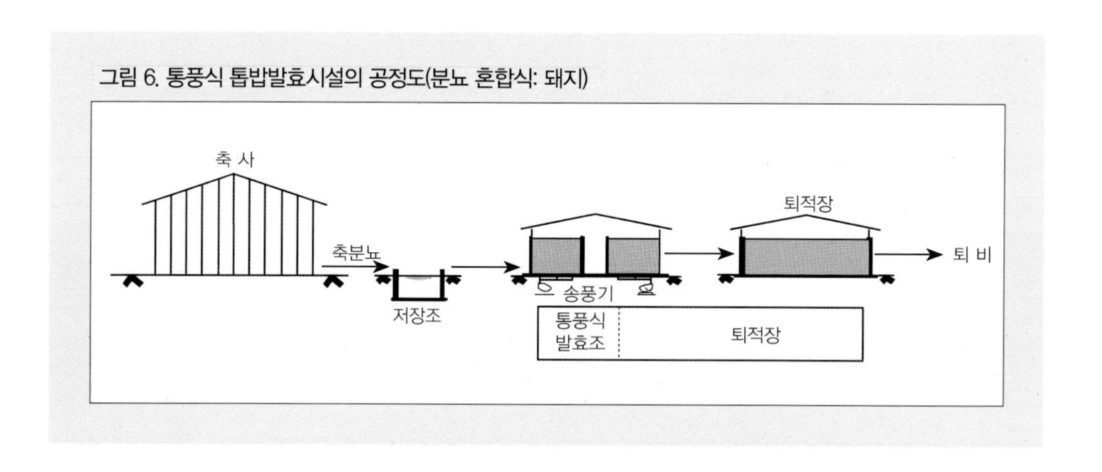

그림 6. 통풍식 톱밥발효시설의 공정도(분뇨 혼합식: 돼지)

〈축사〉

① 축사 내에서 분 분리를 철저히 하고 세정수를 되도록 적게 사용하여 폐수발생량을 최소화 한다.

〈발효조〉

① 축사에서 배출되는 축분을 수분조절재(톱밥, 왕겨 등)와 혼합, 교반하여 함수율 75% 정도로 조절하여 투입한다.

② 수분조절된 축분을 발효조에 투입한 후 발효조의 바닥에서 24시간 공기를 불어 넣어준다.

③ 발효조에서 15일 정도 발효를 실시한 축분을 퇴적장으로 운반

하여 45일 정도 2차발효를 실시한다.

④ 1차발효된 퇴비를 퇴적장으로 운반한 후, 빈 발효조도 2일 정도 송풍을 계속하여 원료 찌꺼기나 바닥의 수분을 건조시킨다.

⑤ 2차발효가 완료된 축분은 경종농가와의 계약에 의하여 퇴비로 판매 또는 농경지나 초지에 살포하거나 수분조절제로 재활용한다. 퇴비로 사용할 때 복토를 하거나 땅을 갈아엎어준다.

⑥ 통기구가 있는 바닥의 경우 통기구멍을 수시로 확인 · 보수한다.

(3) 교반식 톱밥발효시설(직선형)

교반식 톱밥발효시설(직선형)은 축사에서 배출된 축분을 수분조절재(톱밥 및 왕겨 등)와 혼합하여 함수율을 조절한 다음, 발효시설의 발효조로 운반하여 교반장치를 이용 교반 · 혼합하면서 일정기간 1차발효시킨 후 퇴적장으로 운반하여 2차발효를 실시한다.

그림 7. 교반식 톱밥발효시설의 공정도(분뇨 혼합식: 돼지)

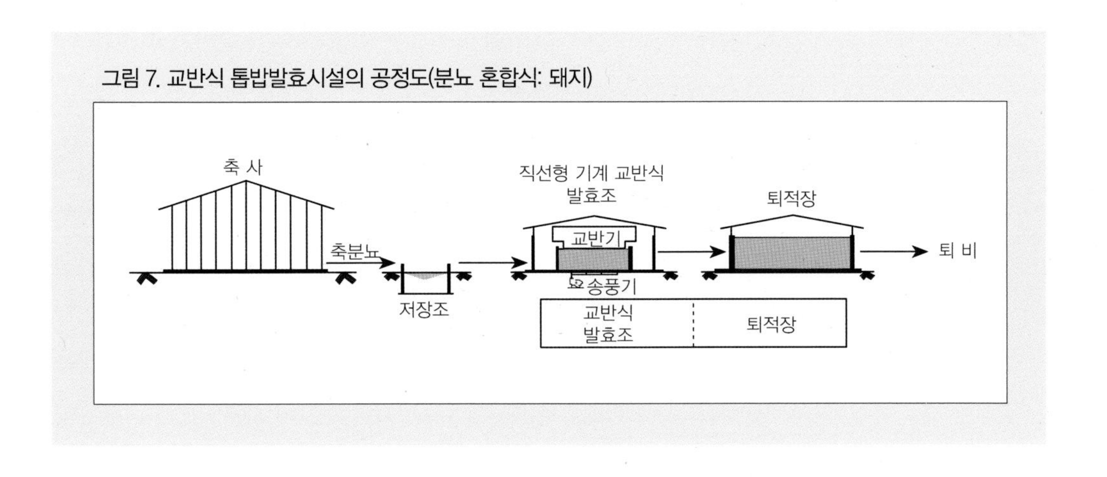

〈축사〉

① 축사 내에서 분 분리를 철저히 하고 세정수를 되도록 적게 사용하여 폐수발생량을 최소화 한다.

〈발효조〉

① 축사에서 배출되는 축분을 수분조절재(톱밥, 왕겨 등)와 혼합, 교반하여 함수율 75% 정도로 조절하여 투입한다.
② 인력 또는 스키드로우더를 이용하여 발효조에 적절한 높이로 투입한다.
③ 수분조절된 축분을 발효조에 투입한 후 발효조의 바닥에서 24시간 공기를 불어 넣어준다.
④ 발효조 내용물은 기계를 이용하여 1일 1~2회 정도 교반 · 혼합하여 준다.
⑤ 저온 발효 시: 원료투입 1~2일 후(투입구로부터 10m 내외 구간)부터 발효균 증식에 의해 저온발효가 진행되면서 온도는 약 30~40℃까지 상승한다.
고온 발효 시: 저온발효 개시 후 약 3~4일 후에는 고온균의 증식으로 고온발효가 진행되면서 온도가 상승하여 수분증발과 잡균 및 해충의 알 등이 사멸, 안정성 높은 퇴비가 만들어진다.
⑥ 발효조에서 30일 정도 발효를 실시한 축분을 퇴적장에 운반하여 30일 정도 2차발효를 실시한 후, 발효가 완료된 축분은 경종농가와 계약에 의하여 퇴비로 판매 또는 농경지나 초지에 살포하거나 수분조절재로 재활용한다. 퇴비로 사용할 때 복토를 하거나 땅을 갈아엎는다.
⑦ 분 중에 돌, 쇳조각 등 이물질이 혼입되지 않도록 한다.
⑧ 고수분 상태의 축분을 사용하지 않는다.

(4) 교반식 톱밥발효시설(순환형 로터리식)

교반식 톱밥발효시설(순환형 로타리식)은 축사에서 배출된 축분을 발효 · 건조 중인 퇴비 중에 고르게 살포한 후 교반장치를 이용 교반 · 혼합함으로써 축분을 일정기간 발효 · 건조처리 한다.

그림 8. 교반식 톱밥발효시설의 공정도(분뇨 혼합식: 돼지)

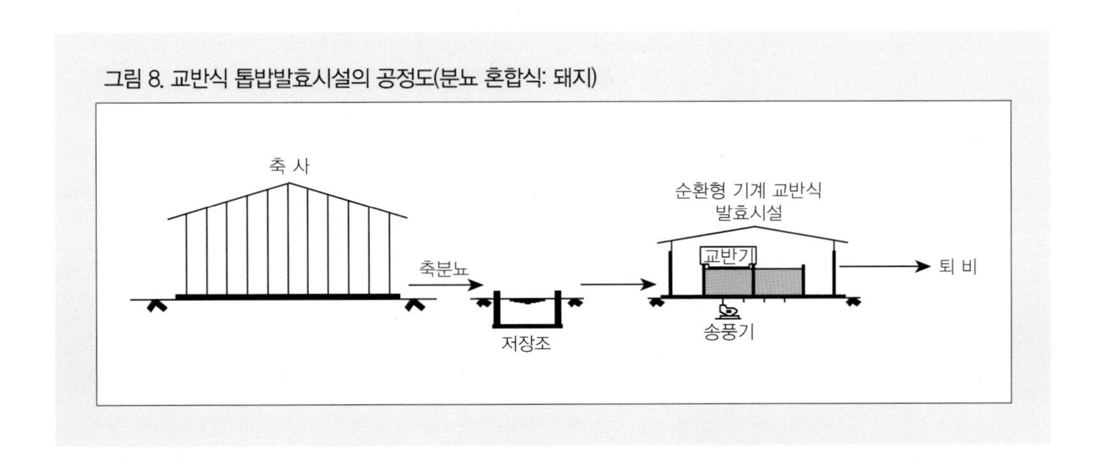

〈축사〉

① 축사 내에서 분 분리를 철저히 하고 세정수를 되도록 적게 사용하여 폐수발생량을 최소화 한다.

〈발효조〉

① 축사에서 배출되는 축분을 발효조 내의 톱밥층이나 발효 중인 퇴비층 위에 골고루 살포한다.

② 축분을 매일 발효조의 상부에 투입한 후 발효조의 바닥에서 24시간 공기를 불어 넣어준다.

③ 발효조 내용물은 기계를 이용하여 1일 1~2회 정도 교반 · 혼합하여 준다.

④ 발효가 완료된 퇴비를 배출하기 전에는 일주일 이상 축분 투입을 중단하여 고른 퇴비화를 이룬다.

⑤ 6개월간 발효가 완료된 퇴비는 경종농가와 계약에 의하여 퇴비로 판매 또는 농경지 초지에 살포하거나 수분조절재로 재활용한다. 퇴비로 사용할 때 복토를 하거나 땅을 갈아엎는다.

⑥ 분뇨 중에 돌, 쇳조각 등 이물질이 혼입되지 않도록 한다.

(5) 퇴비단 여과시설

퇴비단 여과시설이란 일명 SCB(Slurry Composting & Biofiltration)라고 불리며, 축사에서 배출된 축분뇨를 왕겨와 톱밥으로 미리 채워진 퇴비단 상부에 살포하면, 슬러리층 고형물은 퇴비단 상층부에 억류되며, 억류된 고형물은 상층교반으로 걷어내어 퇴적장으로 옮긴 후 발효시켜 퇴비화하고, 액상물은 하부로 침출되는 과정에서 여과층의 미생물에 의해 유기물이 분해 · 안정화된 여과액(침출액)으로 배출되며, 여과액은 액비로 사용하거나 정화처리하여 방류한다.

그림 9. 퇴비단 여과시설의 공정도(분뇨 혼합식: 돼지)

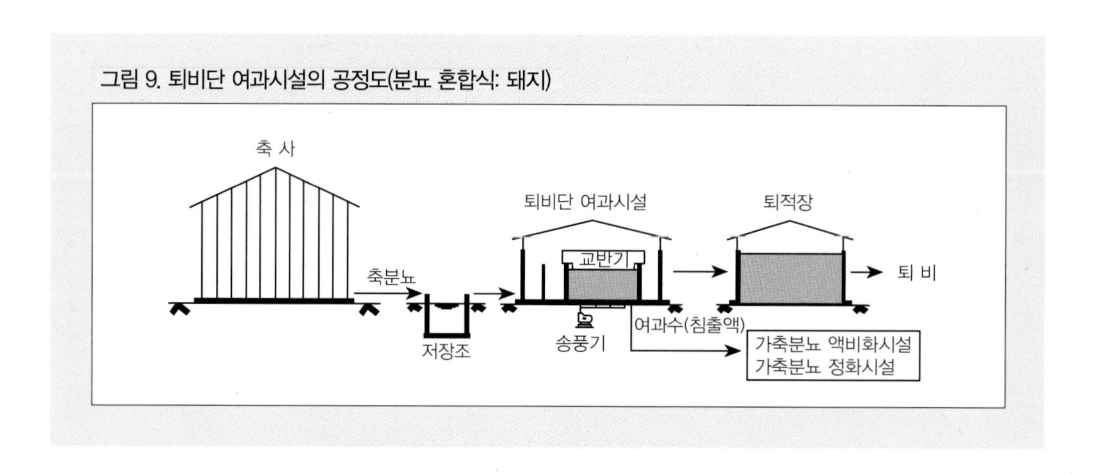

〈축사〉

① 축사 내에서 분 분리를 철저히 하고 세정수를 되도록 적게 사용하여 폐수발생량을 최소화 한다.

〈발효조〉

① 퇴비단이 완전히 비워진 상태에서 퇴비단 유효깊이의 1/2을 왕겨로 채우고 그 위에 나머지 톱밥을 채운다.

② 퇴비단 용적 30㎥당 1일 1㎥의 돈분뇨를 상부에 골고루 살포한다.

③ 고액분리 후 사용 시 효율이 증대한다.

④ 가축분뇨의 고형분 농도와 살포량 등에 따라 물빠짐이 1~3일 소요되므로 물빠짐이 끝나면 다시 살포한다.

⑤ 물빠짐이 다 되면 상부에 억류된 고형물질이 퇴비단 내로 혼입되지 않도록 교반하며 퇴적장으로 배출한다.

⑥ 퇴비단 상부교반 시에는 상부의 30cm 정도만 교반한다.

⑦ 상층교반이 완료되면 퇴적장으로 밀려나간 톱밥의 양만큼 반대편에 보충하여 준다.

⑧ 퇴비단은 12개월 주기로 전량교체를 실시하며 교체 전 퇴비단 전체를 5일 정도 교반을 실시한 후 퇴적장으로 이송한다.

⑨ 퇴비단에 왕겨와 톱밥을 재투입하기 전 바닥의 통기시설과 배수시설의 막힘이 없도록 깨끗이 청소를 한다.

⑩ 가축분뇨 중에 돌, 쇳조각 등 이물질이 혼입되지 않도록 한다.

⑪ 퇴비단 여과시설은 퇴적장을 고려하여 충분한 용량으로 설치하여, 전반부는 여과시설로, 후반부는 퇴적장으로 사용할 수 있다.

4. 액비제조 원리 및 방법

✚ 액비의 필요성

가축분뇨는 오염부하량이 높은 고농도 오염물질이기 때문에 유출 시 수질 및 토양오염의 영향이 큰 반면에, 작물생육에 필요한 성분인 질소, 인, 칼리 이외에도 칼슘, 마그네슘, 나트륨 등과 같은 미량원소도 포함하고 있어 적절하게 처리하면 자원으로서 가치가 매우 높다. 따라서 가축분뇨 관리문제의 합리적 해결방안은 가축과 경종작물과의 자원순환 체계를 어떻게 유지할 수 있을 것인가 하는 것이며, 이에 맞추어 어떻게 하면 질 좋은 가축분뇨 액비를 생산하여 작물에 이용할 수 있게 할 것인가 하는 것이다. 우리나라에서 연간 생산되는 가축분뇨를 비료자원으로 활용할 경우, 화학비료 소요량의 상당부분을 대체할 수 있다.

✚ 액비의 조건

액비가 비료로서 경지에 환원되기 위해서는 ① 균일성 ② 액상화 ③ 저접착력 ④ 무악취 ⑤ 작물에 대한 피해가 없어야 하기 때문에 발효처리가 되어야 한다.

✚ 액비화 기술

(1) 액비화 처리과정과 토양에서의 물질순환

액비가 생산 · 처리되는 과정과 토양에서의 물질순환은 아래와 같다.

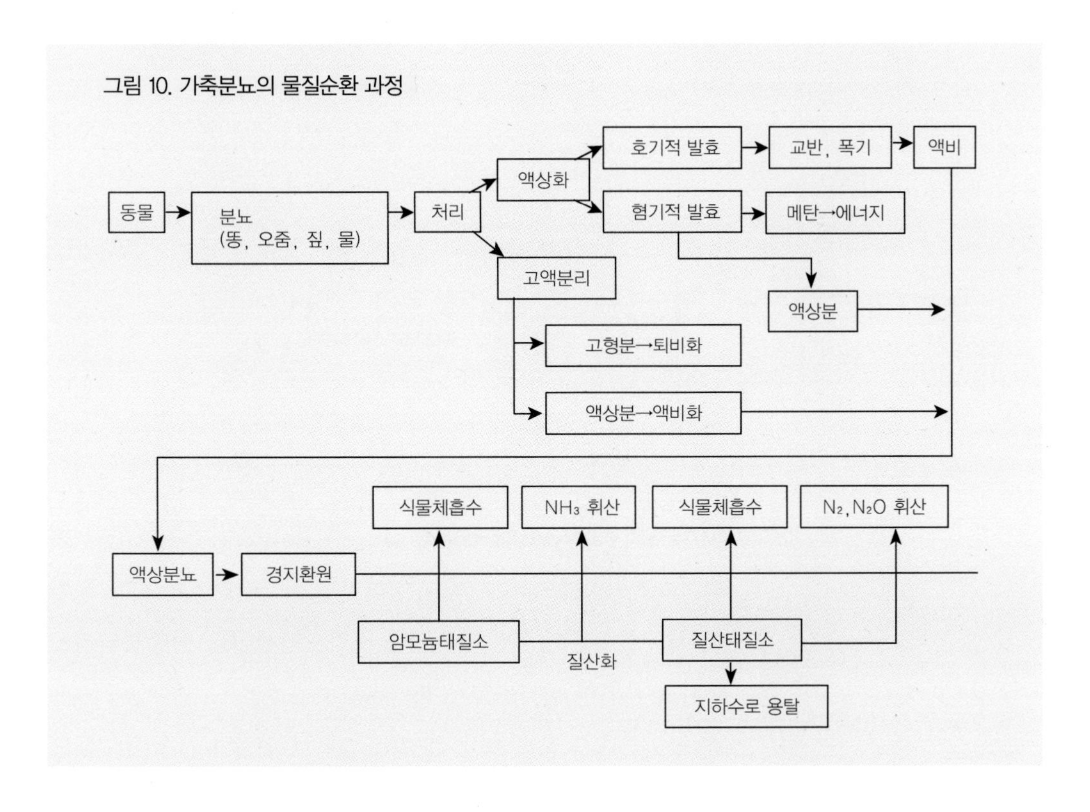

그림 10. 가축분뇨의 물질순환 과정

(2) 호기액비화시설(가축분뇨 자원화표준설계도 해설서 요약)

호기성 조건하에서 가축분뇨의 고액분리된 액을 액비화하는 시설로 액비화한 후 곧바로 액비로 사용하거나 액비저장시설에 저장 또는 정화시설과 연계하여 처리한다.

그림 11. 호기액비화시설의 공정도(젖소, 돼지)

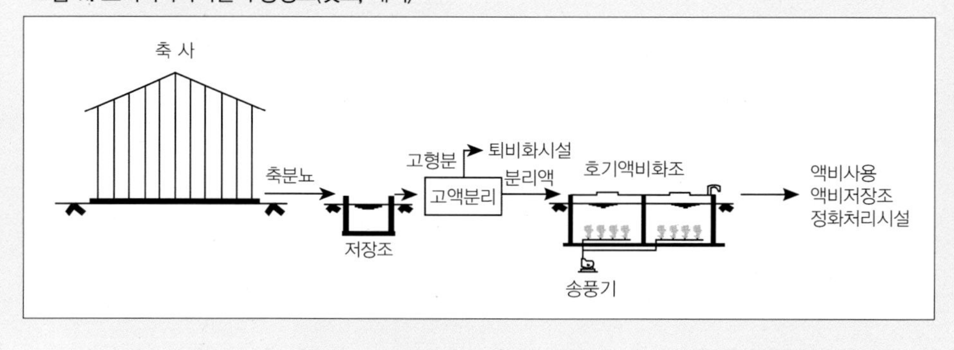

〈호기액비화조의 세부구조 및 규격〉

① 액비화조는 일정한 수위를 유지하며 호기조건이 일정하도록 칸막이를 설치하여 액비저장조나 정화처리시설로 이송하더라도 말단의 수위만 변동되도록 한다.

② 바닥과 측면은 불침투성 재료(방수콘크리트, PE-FRP 등)를 사용하여 물이 스며들거나 가축분뇨가 새어나가지 않는 구조이어야 한다.

③ 개방형의 경우 우수의 침투를 방지할 수 있는 구조(지붕 등)로 하고, 인명 및 가축의 추락을 방지하기 위하여 울타리 등을 설치한다.

④ 밀폐식의 경우 내부청소 및 스컴[14]을 제거할 수 있는 맨홀 및 가스배출을 위한 가스배출구(Vent)를 설치하여야 한다.

14 Scum [부사(浮渣)]: ① 침전지, 슬러지 저류조, 소화조 등의 수면에 부상하여 모인 유지, 섬유, 고형물 등. ② 처리시설의 못(池) 등에서 하수로부터 발생하는 가스에 의하여 수면에 뜨는 유지나 고형물의 덩어리. ③ 수표면으로 부상하여 생성되는 이물질의 층 또는 막. ④ 용기 또는 수로의 수표면 벽에 퇴적되는 잔유물(Residue). ⑤ 수표면에 떠다니는 고형물.

⑤ 유효깊이는 4.0m 이상으로 하고 액비저장조나 정화처리시설과 연계할 수 있어야 한다.

⑥ 총 유효용량은 젖소(분뇨 혼합식)의 경우 축사면적 100㎡당 3㎥, 돼지의 경우 축사면적 100㎡당 분뇨 분리식의 경우 5㎥, 분뇨 혼합식의 경우 5.5㎥ 이상으로 하여야 한다.

⑦ 분뇨 중의 유기물질이나 악취물질을 생물학적으로 분해 안정화하여 액비사용 시 문제가 없도록 충분한 공기(액비화조 유효용량 1㎥당 0.03㎥air/분 이상)를 공급할 수 있는 송풍시설을 갖추어야 한다.

⑧ 송풍시설 중 액비화조 내에 설치되는 산기장치는 산소전달 효율이 큰 고효율의 산기관을 설치하여야 송풍기의 용량 절감 및 동력비를 절감할 수 있다(산소전달효율이 큰 송풍과 산기를 겸한 장치도 사용가능).

⑨ 호기성으로 처리된 액비는 적정한 정화처리 시설을 연계하여 처리할 수 있다.

⑩ 호기성으로 처리된 액비는 그 상태로 액비사용에 문제가 없으나 액비 비수기 시 저장을 위해 액비저장시설과 연계되도록 하여야 한다.

⑪ 속성호기액비화 장치의 경우 액비화 기간을 단축시킬 수는 있으나 생산된 액비에서 악취발생이 없도록 필요시 별도의 악취방지시설을 갖추어야 한다.

⑫ 액비저장조는 사각 콘크리트식, 원형 콘크리트식, 원형 법랑판넬식 등 다양하게 설치될 수 있고, 우수의 침투를 방지할 수 있는 구조로 한다.

⑬ 가축분뇨를 호기액비화시설로 처리할 경우, 축사 내의 피트(축

분뇨 저장 부위), 집수조, 호기액비화조, 액비저장조를 합하여, 처리일수 180일 이상이 되도록 한다.

〈전처리〉

① 분뇨를 고액분리기로 분리시킨다.
② 분리된 고형분은 1일 1회 이상 수거하여 퇴비화시설로 이송한다.
③ 고형분을 제거하고 남은 분리액을 액비화조로 이송한다.

〈호기액비화조의 운전요령〉

① 액비화조에 투입되는 분리액은 1일 일정량씩 투입하여야 하며 한꺼번에 분리액을 투입함으로 인한 충격부하를 방지한다.
② 호기성 조건하에서 분리액의 유기물질과 악취성분이 호기미생물에 의해 분해 안정화되도록 24시간 송풍기를 가동하여야 한다.
③ 고액분리된 분뇨라 하더라도 유기물질의 농도가 높기 때문에 안정적인 액비를 얻기 위해서는 많은 공기가 필요하므로 송풍기에 의한 전력비를 줄이기 위해 고효율의 산기관을 사용하는 것이 바람직하고 거품을 제거할 수 있는 소포시설을 설치하여야 한다.
④ 액비화조에 칸막이로 2개조 이상 설치할 때는 말단의 액비를 전단부로 내부 반송하여 액비화 효율을 높이고, 악취를 줄일 수 있다.
⑤ 말단의 조 내 액비에 취기가 없고 액비화가 완료되었다고 판단된 경우 1일 일정량을 액비로 사용하거나 저장시설로 운반하여야 한다.

⑥ 호기액비화시설을 정화처리시설과 연계하여 방류하고자 할 경우, 응집탈수 시 인의 제거효율을 높이기 위하여 무기응집제(철염, ALUM, PAC) 등을 투입하여야 한다.

✚ 액비관리 기술

액비를 농경지에 살포하기 위해서는 살포 전까지 액비를 저장 · 관리할 수 있는 저장조의 설치가 필요하며 배출되는 분뇨를 6개월 이상 저장할 수 있는 용량이어야 한다. 충분히 부숙된 액비는 사용 전에 항상 성분을 분석하여 작물에 맞는 시비량 안에서 안전하게 농경지에 살포하여야 한다.

(1) 액비저장조 설치 전 검토사항

- 액비 공급자와 저장조를 관리하고 액비를 이용할 농민이나 단체의 입장에서 저장조의 설치규모 및 장소 등을 결정한다.
- 저장조를 설치할 토지 소유자 및 액비를 이용할 경작자의 범위를 정한다.
- 액비의 공급처와 연간 수급량, 공급시기를 결정한다.
- 저장조의 적합 설치규모와 살포장소 분산범위, 설치개소 수를 결정한다.
- 저장조 관리에 편리하며 액비를 운반, 살포하기 용이한 장소를 마련한다.
- 액비의 관리, 이용을 위한 농가의 공동 및 개별이용 방안을 강구한다.
- 저장조의 시공비용 부담, 관리비용의 부담, 가축분뇨의 운송비용은 각각 누가 어떻게 부담할 것인지 사전에 고려하여 결정한다.

(2) 액비저장조의 설치 시 고려사항

- 내구성이 높고 유지보수, 바닥 침전물의 청소가 용이해야 한다.
- 액비에서 발생하는 부식성 가스나 화학적 성분에 의해 부식되지 않고 오래 사용할 수 있어야 한다.
- 저장액비의 압력에 견딜 수 있는 안전한 구조이며 액비의 누출로 인한 토양 및 지하수 오염의 우려가 없어야 한다.
- 마을부근이나 큰 도로변 등 악취발생으로 인한 민원발생의 소지가 없는 곳이어야 한다.
- 트랙터, 액비운반 트럭 등이 점차 대형화 추세이므로 대형 운반 및 살포장비의 출입이 용이한 곳이어야 한다.
- 액비저장조를 설치하여 마을의 경관에 악영향은 미치지 않는 곳이어야 한다.
- 장마철 상습 침수지역이나 하천 주변 또는 지반이 연약하여 액비저장조가 파손되거나 또는 저장한 액비가 유실될 우려가 없는 곳이어야 한다.
- 되도록 시공비가 저렴한 곳이 좋다.

✚ 액비저장조의 종류

액비저장조는 설치방법에 따라 지상식, 반지하식, 지하식으로 구분할 수 있으며, 재질은 아연도금, 법랑(세라믹피복철판), 합성수지, 콘크리트, 유리코팅철판, 스테인리스, PVC시트(타포린, 탑지) 등이 있다.

그림 12. 재질에 따른 액비저장조의 종류

PDF 판넬

법랑 판넬

아연도금 판넬

스테인리스 판넬

조립식 콘크리트 판넬

유리코팅 판넬

(1) 액비저장조 관리 시 유의사항

가축분뇨의 자원화를 촉진하기 위하여 설치하고 있는 액비저장조는 재질이 다양하고 용량이 다르기 때문에 내구성이 높아야 하며, 압력에 견딜 수 있는 안전한 구조임과 동시에 부식성 가스나 화학적 성분에 충분히 견딜 수 있어야 한다. 또한 유지보수가 용이하고 바닥 침전물의 청소가 용이해야 한다. 이러한 조건을 갖춘 저장조라 하더라도 액비저장 중에 관리를 꾸준히 하지 않으면 안 된다. 액비는 작물에 없어서는 안 될 귀중한 비료원이기도 하지만, 반대로 제대로 관리가 되지 않으면 토양과 수질의 주요 오염원이기 때문이다. 액비저장조를 제대로 관리하기 위한 일반적인 관리기준을 다음과 같다.

- 액비저장조는 부식에 강하고 내구연한이 높은 재질이어야 하며, 바닥을 콘크리트로 할 경우 특히 벽체와 맞닿는 부분이 누수가 되

지 않도록 시공하여야 한다(액비누출 점검 및 조치가 가능하도록 가급적 지상식으로 설치한다).

- 액비저장조 설치농가는 동절기를 지나면서 저장조 내 액비의 동결 및 해빙에 따른 저장조의 뒤틀림 현상 · 누수 · 바닥의 균열이 없는지 살펴보아야 한다(평상시 청결하게 유지 · 관리하여 액비누출 시 쉽게 점검될 수 있도록 한다).
- 액비저장조 내에서 자연증발되는 수분의 양보다 강우량이 많은 곳은 집중호우로 인해 저장조의 액비가 넘칠 우려가 있으므로 지붕을 설치하거나 여유 공간을 더 확보하여야 한다(탱크용량 10~20% 수준의 여유 공간을 확보한다).
- 질 좋은 액비를 만들기 위해서는 환경이 양호하여 소독수나 항생제를 적게 사용하는 농가의 신선한 가축분뇨를 선택하고, 가축분뇨를 저장조에 투입하기 전에 이물질 등(주사기, 약병, 비닐, 털, 생활쓰레기, 기타)을 충분히 제거한다(액비를 펌핑 · 살포할 때 이물질로 인하여 발생할 수 있는 펌프 또는 파이프 파손 방지 및 악취로 인한 민원 우려가 없어야 한다).
- 저장조 내 가축분뇨는 저장 · 발효기간 동안 표면층, 중간층, 바닥층으로 나뉘어져 액비성분이 고르지 못하므로 경지에 살포하기 2~3일 전부터 교반이나 펌핑을 통하여 액비성분을 고르게 섞은 후 반출 · 살포한다(특수발효방법 외의 경우 액비화 되기까지 매일 일정량의 폭기 등을 통한 발효를 촉진하고, 완전 발효 후 사용 시까지 주기적으로 폭기를 실시한다).
- 액비가 반출된 후 저장조 내부의 침전물을 제거한 후 가축분뇨를 반입한다(침전물을 처리하지 않고 축산분뇨를 반입하게 되면 퇴적층이 해마다 높아져 저장용량이 줄어들 뿐 아니라 나중에는 침전

물을 처리하지 못할 정도가 되어 저장조를 방치하는 결과를 초래하게 된다).

- 가축분뇨 공급자와 저장조를 관리하고 액비를 이용할 농민이나 단체가 액비 연간 수급량, 공급시기 등을 사전에 협의하여 소요량을 결정한다.
- 환경개선제는 유효기간을 지켜야 정상적인 효능이 발생한다. 제품을 개봉한 후에는 신속하게 사용하고, 사용하다 남은 제품은 수분이나 공기가 접촉되지 않도록 밀봉하여 직사광선을 피하게 하고 습하지 않은 곳에 보관한다.
- 액비의 비료성분 함량은 원료, 부숙 방법, 부숙 기간 등에 따라 차이가 많으므로 액비저장조마다 사용 직전에 반드시 분석해야 한다. 액비분석은 채취일자, 시료명, 주소, 성명 등을 기재한 후 관할 시 · 군 농업기술센터에 의뢰하고, 액비시비처방서를 발급받아 작물별 살포량을 결정한다.
- 저장조 내에는 유해가스가 상존하고 있어 위험하므로 관리 시 안전사고가 발생되지 않도록 주의하여야 한다(황화수소, 암모니아, 메탄가스, 이산화탄소 등은 인체에 치명적인 영향을 미치므로 저장조 내부를 청소할 때 특히 주의해야 한다).

✚ 가축분뇨의 액비성분 분석

(1) 액비시료 채취

액비시료 채취목적은 대상 액비의 특성에 대한 정보를 얻는 데 있으며, 액비 모집단을 대표하여야 한다. 시료는 저장탱크 내의 액비를 충분히 혼합한 후 5~10개 지점에서 시료를 채취한 후 잘 섞어 500ml 정도 취한다. 채취한 시료는 유리병이나 플라스틱 병에 담아 시료내역을 기재하여 분석실로 보낸다. 시료내역에 기재사항은 채취일자, 시료명, 주소, 시료내역 등을 기재한다.

(2) 액비시료 보관

채취된 시료는 즉시 실험실로 보내 분석할 수 있도록 해야 하며, 사정상 보관이 필요한 경우 깨끗한 유리병이나 플라스틱병에 담아 서늘한 곳이나 냉장 보관한다. 온도가 높은 곳이나 여름에 장기간 보관할 경우 용기 내에서 유기물이 분해되면서 가스가 발생하여 용기가 파손될 우려가 있으므로 이러한 곳은 액비시료 보관을 절대 하지 않도록 한다.

✚ 액비의 품질관리

(1) 미숙액비 사용할 때는 악취로 인한 인근 농가의 민원발생 및 기생충, 세균성 미생물 감염이 우려되므로 6개월 이상 충분히 발효시켜 사용한다.

(2) 부숙도 판정은 부숙방법과 원료의 질에 따라 다양하여 일정한 기준을 적용하기 곤란하나 악취가 많이 나지 않은 것을 부숙액비로 한다.

표 10. 가축분뇨액비 부숙지표와 부숙도 간이 판정기준

구 분	부숙지표 및 배점
냄 새	원료냄새 강(2), 원료냄새 약(5), 원료냄새 없음(10)
색 깔	올리브그린(2), 옐로우그린(3), 다갈색(5), 흑갈색(7), 갈색(10)
점 성	끈끈함(2), 끈끈하지 않음(10)
부숙 중 최고온도	50℃ 이하(2), 50~60℃(10), 60~70℃(15), 70℃ 이상(20)
공기주입	공기주입 안 함(2), 공기주입 함(10)
점수합계	미숙: 10점 이하, 중숙: 10~45점, 완숙: 46점 이상

출처: 농림수산식품부('06)

5. 액비제조·저장 및 살포 시 악취저감방법

✚ 양돈분뇨 액비제조 및 저장 시 악취저감방법

- 액비제조 시 공기를 주입하여 호기성 발효를 시킨다.
  - **적정 폭기량:** 슬러리 1㎥당 2.5㎥의 공기를 1시간에 주입
  - **장점:** 고형물이 액화되어 살포가 용이하고 악취 감소
  - **단점:** 양분 손실(특히 질소) 및 폭기에 따른 에너지 비용 추가
- 저장탱크에 뚜껑을 덮어주어 저장기간 중 악취 휘산율을 감소시킨다.

표 11. 액비살포 방법별 악취농도

살포방법	관행살포	지표살포	지중살포
악취농도 (외기 100 기준)	440.5	165~185	120~147

출처: 오인환 등('01)

그림 13. 액비살포 방법

관행살포

지표살포

지중살포

✚ 액비살포 시 악취저감방법

액비를 살포할 때 기계적인 방법으로 악취를 억제하는 방법은 다음과 같다.

- 살포 시 악취가 수반되는데 이러한 문제점을 제거하기 위해 살포와 동시에 경운하여 흙으로 복토하는 방법이 있다.
- 디스크해로우(Disc Harrow)를 장착한 액비살포기로 지표살포하였을 경우에는 현저하게 악취가 감소한다.

• 친환경축산물 인증 부가기준 •

1. 가축복지가 보장되는 축사밀도

가. 유기축산물

친환경농업육성법시행규칙 제9조 별표3의 제3호 유기축산물, 나목, (2)항 축사 및 방목에 대한 세부요건 중 가축의 복지가 보장되는 축사밀도 등에 대한 조건은 다음과 같다.

축 종	성장단계별 또는 종류별	체중 및 단위	축사시설 면적 (㎡/두(수))	축사형태 기준
한 · 육우	육성(비육)우	400kg 이상	7.1	깔짚우사
	번식우	400kg 이상	9.2	깔짚우사
젖 소	육성우	450kg 이하	10.9	깔짚우사
	건유우	두당	13.2	프리스톨 우사
			17.3	깔짚우사
	착유우	두당	9.5	프리스톨 우사
			17.3	깔짚우사
돼 지	분만돈	두당	4.0	분만틀 돈사
	육성(비육)돈	60kg 이하	1.0	깔짚돈사
	비육돈	60kg 이상	1.5	깔짚돈사
	임신(후보)돈	두당	3.1	깔짚돈사
	웅 돈	두당	10.4	깔짚돈사
닭	육 계	수당	0.1	깔짚평사
	산란성계	수당	0.22	깔짚평사
	산란육성계	1.5kg 이하	0.16	깔짚평사
	종 계	2.5kg 이하	0.22	깔짚평사

양	면 양	30kg 이하	1.3	깔짚양사
	산 양	30kg 이하	1.3	깔짚양사
오 리	산란오리	수당	0.55	깔짚축사
	육성오리	수당	0.3	깔짚축사
사 슴	꽃사슴	100kg 이상	2.3	깔짚녹사
	레드디어	170kg 이상	4.6	깔짚녹사
	엘 크	350kg 이상	9.2	깔짚녹사

※ 반추가축은 축종별 생리상태를 고려하여 위 축사 면적의 2배 이상의 방목지 또는 운동장을 확보해야 함. 다만, 충분한 자연환기와 햇빛이 제공되는 축사구조인 경우 축사시설 면적의 2배 이상을 축사 내에 추가 확보하여 방목지 또는 운동장을 대신할 수 있다.

※ 비반추가축에 대해서는 가축의 건강과 생리적 요구를 고려하여 축사 이외의 활동공간 확보가 권장된다.

나. 무항생제축산물

친환경농업육성법시행규칙 제9조 별표3의 제5호 무항생제축산물, 나목, (1)항 축사조건 중 축사밀도 등에 대한 조건은 다음과 같다.

축 종	성장단계별 또는 종류별	체중 및 단위	축사시설 면적 (㎡/두(수))	축사형태 기준
한 · 육우	육성(비육)우	400kg 이상	7	깔짚우사
	번식우	400kg 이상	9.2	깔짚우사
젖 소	육성우	450kg 이하	6.4	깔짚우사
	건유우	두당	8.3	프리스톨 우사
			13.5	깔짚우사
	착유우	두당	8.3	프리스톨 우사
			16.5	깔짚우사
돼 지	분만돈	두당	3.9	분만틀 돈사
	육성(비육)돈	60kg 이하	0.6	낄짚 · 슬러리 논사
	비육돈	60kg 이상	0.9	깔짚 · 슬러리 돈사
	임신(후보)돈	두당	3.1	깔짚 · 슬러리 돈사
	웅 돈	두당	9.7	깔짚 · 슬러리 돈사

닭	육 계	수당	0.042	케이지
			0.046	깔짚평사(무창)
			0.066	깔짚평사(개방)
	산란성계	수당	0.042	케이지
			0.11	깔짚평사
	산란육성계	1.5kg 이하	0.025	케이지
			0.066	깔짚평사
	종 계	2.5kg 이하	0.11	깔짚평사
양	면 양	30kg 이하	1.3	깔짚양사
	산 양	30kg 이하	1.3	깔짚양사
오 리	산란오리	수당	0.28	깔짚축사
	육성오리	수당	0.2	깔짚축사
사 슴	꽃사슴	100kg 이상	2.3	깔짚녹사
	레드디어	170kg 이상	4.6	깔짚녹사
	엘 크	350kg 이상	9.2	깔짚녹사

2. 산란계의 일조시간 연장

친환경농업육성법시행규칙 제9조 별표3의 제3호 유기축산물, 나목, (2)항, 제(가), 7)의 자연 일조시간을 인공광으로 연장할 수 있는 범위는 자연 일조시간이 14시간을 넘을 때는 인공광으로 자연 일조시간을 연장하지 않아야 하며, 자연 일조시간이 14시간 미만일 경우에는 인공광을 포함하여 일조시간이 총 14시간을 넘지 않아야 한다.

3. 목초지 또는 사료작물재배지 확보면적

가. 친환경농업육성법시행규칙 제9조 별표3의 제3호 유기축산물, 다목, (1)항에 적용되는 초식가축의 축종별 두당 목초지 또는 사료작물 재배면적기준은 다음과 같다. 초지, 사료포는 임차할 수 있으며, 계약을 통한 생산지도 재배면적에 포함한다.

(1) 한육우(생체 400kg 기준): 초지 2,475㎡ 또는 사료포(답리작 포함) 825㎡

(2) 젖소(생체 600kg 기준): 초지 3,960㎡ 또는 사료포(답리작 포함) 1,320㎡

(3) 면 · 산양(생체 30kg 기준): 초지 198㎡ 또는 사료포(답리작 포함) 66㎡

(4) 사슴(생체 100kg 기준): 초지 660㎡ 또는 사료포(답리작 포함) 220㎡

다만, 축종별 가축의 생리적 상태, 지역 기상조건의 특수성 및 토양의 상태 등을 고려하여 외부에서 유기적으로 생산 · 재배된 조사료를 도입할 경우, 목초지 또는 사료포 면적의 일부를 감할 수 있다. 이 경우 한 · 육우는 374㎡/두, 젖소는 916㎡/두 이상의 초지 또는 사료포를 확보하여야 한다.

4. 유기축산물 및 무항생제축산물 생산 시 사료 공급비율 확대 기준

가. 친환경농업육성법시행규칙 제9조 별표3의 제3호 유기축산물, 바목, (2)항의 천재 · 지변, 극한 기후조건 등으로 인하여 사료급여가 어려운 경우 시행규칙 별표3의 제3호 유기축산물, 바목, (1)항에서 규정한 유기사료의 급여 비율을 10% 완화할 수 있다.

나. 친환경농업육성법시행규칙 제9조 별표3의 제5호 무항생제축산물, 마목, (2)항의 천재 · 지변, 극한 기후조건 등으로 인하여 사료급여가 어려운 경우 시행규칙 별표3의 제5호 무항생제축산물, 마목, (1)항에서 규정한 무항생제사료의 급여 비율을 10% 완화할 수 있다.

5. 사료 내 GMO 함유기준

친환경농업육성법시행규칙 제9조 별표 3의 제3호 유기축산물, 바목 (4)항에서 규정한 유기사료가 아닌 사료의 경우 유전자변형농산물 또는 유전자변형농산물로부터 유래한 물질의 비의도적인 혼입은 3% 내에서 인정한다.

부록 2

· 유기축산 관련 분석성분 지정 ·

Ⅰ. 사료

1. 농약(26성분)

- **유기인계:** 다이아지논, 파라치온, 페니트로치온, 펜치온, 말라티온, 펜토에이트, 클로르피리포스메틸, 피리미포스메틸, 디클로르보스, 에틸렌디브로마이드, EPN, 에치온, 클로르피리포스, 에디펜포스, 이소펜포스
- **유기염소계:** BHC, DDT, 디엘드린(알드린 포함), 헵타클로르(헵타클로르에폭시드 포함), 퍼메트린, 펜발러레이트
- **카바메이트계:** 카바닐, 베노밀, 치아벤다졸, 페노브카브, 이소프로카브

2. 유해물질(7성분)

- **소 사료:** 비소, 불소, 크롬, 납, 수은, 카드뮴
- **돼지 · 닭 사료:** 비소, 불소, 크롬, 납, 수은, 카드뮴, 셀레늄
- **곡류:** 납, 수은, 카드뮴
- **대두박:** 납, 수은, 카드뮴

3. 동물의약품(정성분석)

- **항생 · 항균물질:** 베타-락탐계, 설폰아미드계, 테트라사이클린계

- **호르몬:** 성장호르몬(DES, 제라놀)

4. GMO(정량분석)

- 옥수수, 대두(대두박), 면실박, 채종박 등

Ⅱ. 축산물

1. 항생물질(23종)

- 벤질페니실린/프로케인벤질페니실린(Benzylpenicillin/Procainebenzylpenicillin)
- 아목시실린(Amoxicillin)
- 암피실린(Ampicillin)
- 클로르테트라사이클린(Chlortetracycline)
- 옥시테트라사이클린(Oxytetracycline)
- 테트라사이클린(Tetracycline)
- 스피라마이신(Spiramycin)
- 올레안도마이신(Oleandomycin)
- 타이로신(Tylosin)
- 클로람페니콜(Chloramphenicol)
- 바시트라신(Bacitracin)
- 에리스로마이신(Erythromycin)
- 겐타마이신(Gentamicin)

- 하이그로마이신 B(Hygromycin B)
- 모넨신(Monensin)
- 네오마이신(Neomycin)
- 디하이드로스트렙토마이신/스트렙토마이신(Dihydrostreptomycin/Streptomycin)
- 노보비오신(Novobiocin)
- 살리노마이신(Salinomycin)
- 버지니아마이신(Virginiamycin)
- 세프티오퍼(Ceftiofur)
- 스펙티노마이신(Spectinomycin)
- 틸미코신(Tilmicosin)

2. 합성항균제(26종)

- 설파메타진(Sulfamethazine)
- 설파디메톡신(Sulfadimethoxine)
- 설파메라진(Sulfamerazine)
- 설파퀴녹살린(Sulfaquinoxaline)
- 설파모노메톡신(Sulfamonomethoxine)
- 니카바진(Nicarbazin)
- 니트로빈(Nitrovin)
- 암프롤리움(Amprolium)
- 에토파베이트(Ethopabate)
- 올라퀸독스(Olaquindox)
- 옥소린산(Oxolinic acid)

- 오르메토프림(Ormethoprim)
- 치암페니콜(Thiamphenicol)
- 카바독스(Carbadox)
- 클로피돌(Clopidol)
- 푸라졸리돈(Furazolidone) 대사물질(AOZ)
- 푸랄타돈(Furaltadone) 대사물질(AMOZ)
- 니트로푸라존(Nitrofurazone) 대사물질(SEM)
- 니트로푸란토인(Nitrofurantoin) 대사물질(AHD)
- 알벤다졸(Albendazole)
- 치아벤다졸(Thiabendazole)
- 플루벤다졸(Flubendazole)
- 페반텔/펜벤다졸/옥스펜다졸(Febantel/Fenbendazole/Oxfendazole)
- 디클라주릴(Diclazuril)
- 엔로플록사신(Enrofloxacin)
- 다노플록사신(Danofloxacin)

3. 호르몬제(2종)

- 제라놀(Zeranol)
- 디에칠스틸베스테롤(Diethylstilbestrol, DES)

4. 농약(29종)

- 알드린(Aldrin)

- 디엘드린(Dieldrin)
- 디디티(DDT)
- 엔드린(Endrin)
- 헵타클로르(Heptachlor)
- γ-비에이치씨(γ-BHC)
- 클로르단(Chlordane)
- 엔도설판(Endosulfan α,β & sulfate 포함)
- 페니트로치온(Fenitrothion)
- 디메치핀(Dimethipin)
- 에티온(Ethion)
- 치노메치오네이트(Chinomethionate)
- 클로르펜빈포스(Chlorfenvinfos)
- 클로르피리포스(Chlorpyrifos)
- 클로르피리포스메틸(Chlorpyrifos-methyl)
- 프로피코나졸(Propiconazole)
- 트리아디메폰(Triadimefon)
- 델타메트린(Deltamethrin)
- 사이퍼메트린(Cypermethrin)
- 펜발러레이트(Fenvalerate)
- 퍼메트린(Permethrin)
- 카바릴(Cabaryl)
- 카보후란(Carbofuran)
- 알디카브(Aldicarb)
- 벤디오카브(Bendiocarb)

- 에치오펜카브(Ethiofencarb)
- 메치오카브(Methiocarb)
- 메소밀(Methomyl)
- 프로폭서(Propoxur)

Ⅲ. 토 양

해당 국가의 토양의 유해물질 관련 기준 및 토양환경보전법 시행규칙 제1조의4 관련 지역별 유해물질 항목을 적용한다.

부록 3

• 지하수의 수질기준 •

1. 지하수를 음용수로 이용하는 경우: 먹는물관리법 제5조의 규정에 의한 먹는 물의 수질기준

2. 지하수를 생활용수, 농업용수, 어업용수, 공업용수로 이용하는 경우

(단위: mg/l)

항 목 \ 이용목적별		생활용수	농업용수 · 어업용수	공업용수
일반오염물질 (5개)	수소이온농도(pH)	5.8~8.5	6.0~8.5	5.0~9.0
	대장균군수	5,000 이하 (MPN/100ml)	–	–
	질산성질소	20 이하	20 이하	40 이하
	염소이온	250 이하	250 이하	500 이하
	일반세균	1ml중 100 CFU 이하	–	–
특정유해물질 (15개)	카드뮴	0.01 이하	0.01 이하	0.02 이하
	비 소	0.05 이하	0.05 이하	0.1 이하
	시 안	불검출	불검출	0.2 이하
	수 은	불검출	불검출	불검출
	유기인	불검출	불검출	불검출
	페 놀	0.005 이하	0.005 이하	0.01 이하
	납	0.1 이하	0.1 이하	0.2 이하
	6가크롬	0.05 이하	0.05 이하	0.1 이하
	트리클로로에틸렌	0.03 이하	0.03 이하	0.06 이하
	테트라클로로에틸렌	0.01 이하	0.01 이하	0.02 이하
	1.1.1-트리클로로에탄	0.15 이하	0.3 이하	0.5 이하
	벤 젠	0.015 이하	–	–
	톨루엔	1 이하	–	–
	에틸벤젠	0.45 이하	–	–
	크실렌	0.75 이하	–	–

| 비고 |

생활용수: 가정용 및 가정용에 준하는 목적으로 이용되는 경우로서 음용수 · 농업용수 · 어업용수 · 공업용수 이외의 모든 용수를 포함한다.

부록 4

• 사료의 유해물질 및 GMO 함유기준 •

Ⅰ. 단미사료(곡류 및 곡류부산물)

- **잔류농약:** 불검출
- **GMO농산물 혼입률:** 불검출(다만, 비의도적으로 혼입된 경우 3% 내에서 인정)
- **기타:** 유기농산물의 유해잔류물질 허용기준에 따름

Ⅱ. 배합사료

- **잔류농약:** 사료관리법(유해사료의 범위와 기준)에서 정한 허용기준치의 1/10 이하
- **중금속 및 곰팡이 독소:** 사료관리법(유해사료의 범위와 기준)에서 정한 기준치 이하
- **항생제 및 합성항균제:** 불검출
- **GMO농산물 혼입률:** 불검출(다만, 비의도적으로 혼입된 경우 3% 내에서 다음의 경우에 인정)

※ GMO 혼입률은 유전자변형 검사가 가능한 사료원료를 검사한 후 사료에 배합되는 비율을 적용하여 아래와 같이 산출함

예) GMO 혼입률: 옥수수 GMO 혼입률 × 배합비(%) + 대두박 GMO 혼입률 × 배합비(%)

• 유기배합사료 제조용 단미사료 및 보조사료의 범위 •

Ⅰ. 단미사료

구 분	세 분	사용이 가능한 자재	유기사료 인증조건
식물성	곡물류	(가) 옥수수 · 보리 · 밀 · 수수 · 호밀 · 귀리 · 조 · 피 · 트리트케일 · 메밀 · 루핀종실 및 두류 (나) (가)항 곡물의 1차 가공품 및 전분(알파파 전분을 포함한다)	유기 및 전환기유기농림산물 재배기준에 맞게 생산된 것
	곡물부산물(강피류)	곡쇄류 · 밀기울 · 말분 · 보리겨 · 쌀겨 · 쌀겨탈지 · 옥수수피 · 수수겨 · 조겨 · 두류피 · 낙화생피 · 면실피 · 귀리겨 · 아몬드피 및 해바라기피	유기 및 전환기유기농림산물 재배기준에 맞게 생산된 것에서 유래된 것(다른 제품의 혼입 없어야 함)
	박 류(단백질류)	대두박(전지대두를 포함) · 들깨묵 · 참깨묵 · 채종박 · 면실박 · 낙화생박 · 고추씨박 · 아마박 · 야자박 · 해바라기씨박 · 피마자박 · 옥수수배아박 · 소맥배아박 · 두부박 · 케이폭밀 및 팜유박, 글루텐	
	근괴류	고구마 · 감자 · 돼지감자 · 타피오카 · 무 및 당근	곡물류와 같음
	식품가공부산물	두류가공부산물 · 당밀 및 과실류가공부산물	곡물부산물류와 같음
	해조류	해조분	천연에서 유래된 것
	섬유질류	목초 · 산야초 · 나뭇잎 · 곡류정선부산물 · 임산가공부산물 · 볏짚 · 보리짚 · 그 밖의 농산물고간류 · 풋베기사료작물 · 옥수수속대 · 사탕수수박 · 사탕무우박 · 감귤박 및 발효사료	유기 및 전환기유기농림산물 재배기준에 맞게 생산된 것. 단, 야생의 것은 잔류농약이 불검출인 것
	제약부산물	농림부장관이 지정하는 제약부산물	곡물부산물류와 같음
	유지류	옥수수유 · 대두유 · 면실유 · 채종유 · 야자유 · 해바라기유 · 팜유 및 미강유	곡물부산물류와 같음
동물성	단백질류	어분 · 어즙흡착사료, 유 · 유제품 및 육분 · 육골분(반추가축에 사용하는 경우를 제외한다)	양식하지 않은 것(어분 · 어즙흡착사료에 한함)
	무기물류	골분 · 어골회 및 패분	순도 99% 이상인 것
	유지류	우지 및 돈지(반추가축에 사용하는 경우는 제외한다)	순도 99.9% 이상인 것

광물성	식염류	암염 및 천일염	천연의 것
	인산염류 및 칼슘염류	인산1칼슘 · 인산2칼슘 · 인산3칼슘 및 석회석분말	
	광물질 첨가물	나트륨 · 염소 · 마그네슘 · 유황 · 가리 · 망간 · 철 · 구리 · 요오드 · 아연 · 코발트 · 불소 · 셀레늄 · 몰리브덴 및 크롬의 화합염류(유기태화한 것을 포함한다)	
	혼합광물질	2종 이상의 광물질을 혼합 또는 화합한 것으로서 사료에 첨가하는 형태로 제조한 것에 한함	
기 타		국제식품규격위원회에서 유기축산물 생산용 사료로 사용이 허용된 물질이나 국제적으로 공인된 천연물질	–

Ⅱ. 보조사료

구 분	사용이 가능한 자재	유기사료 인증조건
산미제	젖산, 개미산 등 천연산미제	천연의 것 및 천연에서 유래된 것으로써 다른 화학물질 및 제품이 첨가되지 아니한 것. 단, 배합사료에 1% 미만 사용되고 화학물질의 함유량이 보조사료 내 10% 이내인 경우에는 사용가능
항응고제	활성탄	
결착제	천연결착제	
유화제	천연유화제	
항산화제	천연항산화제	
항곰팡이제	천연항곰팡이제	
향미제	천연향미제	
규산염제	조라이트 · 벤토나이트 · 카오린 및 일라이트와 그 혼합물	
착색제	천연착색제	
추출제	유카추출물 · 타우마린 · 목초추출물 · 해초추출물 및 과실추출물	
완충제	중조 · 산화마그네슘 및 산화마그네슘혼합물	
올리고당류	갈락토올리고당 · 플락토올리고당 · 이소말토올리고당 · 대두올리고당 · 만노스올리고당 및 그 밖의 올리고당	
효소제	아밀라제 · 알카리성프로테아제 · 키시라나아제 · 피타아제 · 산성프로테아제 · 리파아제 · 셀룰라아제 · 중성프로테아제 · 프로테아제 · 락타아제 및 그 밖의 효소제와 그 복합체	
생균제	엔테로콕카스페시엄 · 바실러스코아글란스 · 바실러스서브틸리스 · 비피도박테리움슈도롱검 · 락토바실러스아시도필루스 · 효모제 및 그 밖의 생균제	
아미노산제	아민초산 · DL-알라닌 · 염산L-라이신 · 황산L-라이신 · L-글루타민산나트륨 · 2-디아미노-2-하이드록시메티오닌 · DL-트립토판 · L-트립토판 · DL메티오닌 및 L-트레오닌과 그 혼합물	
비타민제 (프로비타민제 포함)	비타민A · 프로비타민A · 비타민B1 · 비타민B2 · 비타민B6 · 비타민B12 · 비타민C · 비타민D · 비타민D2 · 비타민D3 · 비타민E · 비타민K · 판토텐산 · 이노시톨 · 콜린 · 나이아신 · 바이오틴 · 엽산과 그 유사체 및 혼합물	
기 타	국제식품규격위원회에서 유기축산물 생산용 사료로 사용이 허용된 물질이나 국제적으로 공인된 천연물질